I0470345

La negativización
del **Virus**
del **SIDA**

La negativización
del **Virus**
del **SIDA**

¿Podrán un par de magnetos cambiar la historia del VIH?

Dr. Silverio J. Salinas
D.H.C.

Fecha de revisión: 26/02/2015

Dr. Silverio Javier Salinas Benavides. D.H.C.
Doctor Honoris Causa. Honorable Academia Mundial de Educación. Puebla 2014.
Máster y Doctor en Excelencia Educativa Iberoamericana. Consejo Iberoamericano en Honor a la Excelencia Educativa. Punta del Este Uruguay, 2005.
Premio al mejor trabajo de investigación científica. Congreso Internacional Medico Científico. "Maximum leader in Excellence in Health". "Líder Mundial en Ciencias Medicas para el beneficio de la Humanidad". Asociación Mundial para la Excelencia en Salud (AMES) Querétaro, México, 2014.
Médico, cirujano y partero U.A.N.L. 1989. Cedula Profesional en México: 1460562.
Director General de la Escuela Internacional de Artes de la Sanación. Orange California EUA, 2014.
Dirección: en México: Calle Celeste 427 Fracc. Cosmos, Morelia, Mich. c.p. 58050
Tel. (52)(443)326-2577
www.drsilveriosalinas.com.mx
silveriosalinas5@gmail.com

Para realizar pedidos de este libro, contacte con:
Palibrio
1663 Liberty Drive
Suite 200
Bloomington, IN 47403
Gratis desde EE. UU. al 877.407.5847
Gratis desde México al 01.800.288.2243
Gratis desde España al 900.866.949
Desde otro país al +1.812.671.9757
Fax: 01.812.355.1576
ventas@palibrio.com
626204

Índice

Dedicatoria

Al Dr. Isaac Goiz Durán quien fue mi mentor en Biomagnetismo Médico (1992). Descubridor del par biomagnético Timo-Recto en pacientes con SIDA. Padre del Biomagnetismo Médico.

Al Dr. Mario Cesar Salinas Carmona, Jefe del Depto. De Inmunología de la Facultad de Medicina de la Universidad Autónoma de Nuevo León, Jefe de Investigación de la misma Universidad. Y **al Dr. Francisco González Ramos**, Jefe del Depto. De Medicina Preventiva de la misma facultad por haberme apoyado ambos en 1993-94 en la realización del Protocolo Científico "Evaluación de los efectos clínicos, inmunológicos y antigénicos de la terapia biofísica en pacientes con SIDA por VIH 1" que culminó con la negativización del VIH 1, virus del SIDA de 17 pacientes en un grupo de 30.

Al Dr. Jorge Galván, líder del grupo Sobrevivientes del SIDA, A.C., quien tuvo la fe suficiente en Dios primero y luego en este proyecto científico para agrupar y organizar a los afectados por el VIH apoyándome en la realización de este sueño de negativizar el virus del SIDA en 1994. Además tuvo el valor de publicar las memorias testimoniales de varios pacientes que participaron en el protocolo. Su obra se llama "Sobrevivientes del SIDA" (36).

Desafortunadamente el Dr. Galván murió a la edad de 76 años (Septiembre del 2014) cuando estaba terminando de escribir su libro "Sobrevivientes de SIDA, 20 años después". El acta de defunción, según uno de sus hermanos, reveló "Muerte por complicaciones de diabetes, deshidratación, insuficiencia respiratoria y renal" sin que el diagnostico de HIV apareciera. Después de lograr la negativización del VIH mediante nuestro protocolo, Jorge dedicó su vida a la educación y prevención del SIDA en las personas de más alto riesgo (grupo de homosexuales y prostitutas) en la ciudad de Monterrey Nuevo León mediante su Organización sin fines de lucro "Instituto Sobrevivientes del SIDA, A.C." Su muerte nos conforta con algo muy positivo porque se cumplió la misión y el propósito de este trabajo de investigación y ese es que el paciente con VIH positivo muera de cualquier otra enfermedad natural, que muera de viejo y no de SIDA.

A todos los científicos del mundo que buscan la verdadera ciencia, la ciencia pura, la verdad inmaculada, la que no tiene intereses mundanamente económicos y si tiene interés por encontrar el Bienestar de la Humanidad.

PRÓLOGO

Leer esta obra del Dr. Silverio Salinas B. nos permite conocer una visión diferente para resolver problemas de Salud considerada incurable hasta la fecha. Hace tiempo El Dr. Silverio nos invitó a participar en una investigación de medicina alternativa (imanes o terapia bio-electro magnética) con un grupo de pacientes con el Virus de la Inmuno-Deficiencia Adquirida positivo, con el propósito de negativizarlo como un primer paso para la curación de dichos pacientes, por supuesto y no representando riesgo atestiguamos que se logró El propósito en algunos de ellos que luego fundaron la asociación de los sobrevivientes del Sida, los cómos y porqués el autor del Libro los explica en esta obra y propone o considera la posibilidad de que se utilice la terapia bio-electromagnética en lugar de los costosos tratamientos con retro virales usados en la actualidad, agregando la posibilidad de utilizar otras formas de medicina alternativa para las enfermedades consideradas incurables lo cual está dispuesto a demostrar con investigaciones futuras.

DR. MSP FRANCISCO GONZALEZ RODRIGUEZ.

11

Introducción

En 1994 el autor presentó en una prestigiada Escuela de Medicina en México los resultados de un protocolo de investigación científica donde demuestra la negativización del virus del SIDA VIH-1, mediante el uso de magnetos, de por lo menos 17 pacientes de un grupo de 30 de los cuales 24 cumplieron cabalmente los criterios de inclusión. Aunque estos resultados se publicaron en las Memorias del XII Encuentro de Investigación Biomédica de la Facultad de Medicina de la Universidad Autónoma de Nuevo León el 24 Octubre de 1994, resulta asombroso y hasta increíble que el público en general no haya sido enterado de dicha noticia sabiendo que en esa época el SIDA hacía estragos en prácticamente todos los países del mundo y la búsqueda de una solución no se veía al alcance ni de países pobres ni de ricos.

Desde entonces el SIDA ha matado a millones de personas en todo el mundo sin haberse dado la oportunidad de tratar con un sistema económico, no invasivo, sin efectos colaterales gracias a que en su momento, las autoridades enteradas de dicho protocolo no estuvieron interesadas en estudiar y promover un sistema natural alternativo de salud.

El informe mundial del ONUSIDA del 2013 reportó que las personas que vivían con la infección del virus VIH en todo el mundo eran cerca de 35.3 millones al finalizar el año del 2012. Ese mismo año se reportaron 2.3 millones de nuevas infecciones y el número de muertes por SIDA fueron 1.6 millones. El tratamiento antirretroviral, aunque logra salvar vidas y extender el tiempo de vida del enfermo, no es curativo y además cuesta mucho dinero y no está al alcance de todo el mundo. (38).

A 20 años de distancia de haber negativizado el virus del SIDA por VIH 1, el autor brinda, mediante esta obra, una segunda oportunidad a la sociedad en general y a la sociedad médica y científica en particular de revisar y evaluar los resultados de aquel protocolo que logró por primera vez en todo el mundo la negativización del Virus del SIDA por VIH-1. En el capítulo de los antecedentes se presentan los acontecimientos previos a este evento.

La razón principal por la que el autor no siguió trabajando en este protocolo la puede encontrar el lector con detalle en la introducción del libro "Sobrevientes del SIDA" del Dr. Jorge Galván 2001, (36). No es ningún secreto que el autor fue perseguido gubernamentalmente en esa época y lo ha sido durante las siguientes dos décadas, tanto en México como en los EUA. Esa es la razón primaria por la que no siguió haciendo más investigación científica sobre el tema de esta obra.

Objetivos:

Con esta obra, el autor espera regresarle la fe a quienes, infectados por el VIH la han perdido. Darles una esperanza de vivir una vida libre del virus para siempre. Que mueran de viejos y de cualquier otra causa natural de muerte y no de SIDA, este es el objetivo principal.

El otro objetivo que cumple el autor en esta obra es el de colocar los *fundamentos científicos del Biomagnetismo Médico y el Par Biomagnético* descubiertos por el Dr. Isaac Goiz Duran presentando la *Teoría del Bioacumulador* como la explicación científica y clara de lo que pasa al interior del Par Biomagnético del VIH-1 Timo-Recto.

El autor tiene la visión y la fe de que un día, la sociedad civil primero, envueltas en los trabajos del Reino de Dios, hagan conciencia de que se puede sanar de casi cualquier enfermedad si volvemos nuestros ojos y nuestro corazón a lo que Dios creó en la naturaleza. Después, de esta misma sociedad civil se entrenarán médicos y científicos con conciencia del Reino de Dios, que respeten las leyes divinas e inmutables de la creación (ciencia pura sin intereses creados por el hombre) y que trabajen para el interés de servir con amor a sus semejantes y no para responder a los intereses económicos y egoistas ya existentes.

Los fundamentos científicos sobre física y biofísica

Los fundamentos científicos sobre física y biofísica presentados en esta obra podrán ser usados por los centros de investigación científica del mundo para entender que **las infecciones virales**, bacterianas, fúngicas y parasitarias, no sólo provocan cambios químicos y bioquímicos, fisiológicos y patológicos, también **provocan cambios físicos y biofísicos** que pueden ser *medidos biofísicamente* y que también pueden ser controlados y hasta eliminados mediante el uso externo de *recursos físicos* como los *imanes* con campos magnéticos de mediana intensidad.

La energía BEM:

Los cambios físicos y biofísicos que el autor describe en esta obra son *cambios en la* **energía bio electro magnética** *corporal* (descritos como energía BEM en esta obra). Estos cambios se dan en lo microscópico, tanto a nivel molecular como celular, así como en lo macroscópico a nivel tisular y en los órganos del cuerpo manifestándose como síntomas y signos generales de las patologías que corresponden a las infecciones que le dieron origen.

La *energía BEM* existe en todos los seres vivientes. Es medible cualitativa y cuantitativamente por aparatos físicos eléctricos tales como voltímetros y magnetómetros. Las entidades biológicas que coexisten con nosotros (virus, bacterias, hongos y parásitos) tienen su propia energía BEM y provocan cambios en nuestro organismo que son fácilmente detectables y medibles mediante la manifestación externa de corrientes y campos bio-electro-magnéticos. Afortunadamente para la humanidad, los efectos patológicos que se pueden medir electromagnéticamente hablando también se pueden modificar a nuestro favor usando la energía física de los campos magnéticos de un imán.

Química VS Biofísica:

Mientras la humanidad siga viendo y estudiando el lado químico y bioquímico de la patología del SIDA, y las respetables escuelas de medicina sigan siendo subsidiadas por laboratorios que promueven drogas de patente, alopáticas, se estarán perdiendo el arcoíris de energías y fenómenos que le preceden y acompañan a la infección ya que un fenómeno patológico e infeccioso como el SIDA produce, además de los **efectos bioquímicos**, efectos *bio-fisiológicos*, de *bio-electricidad*, *bio-resistencia*, *bio-luminosidad*, *bio-condensador, bio-magnéticos*, *bio-caloríficos*, *bio-mecánicos*, *bio-generador*, *bio-acumulador, bio-circuitos y de bio-baterías*.

Hay mucho que estudiar e investigar en todos estos campos. Que aburrido y tedioso, además de infructuoso debe de ser para un verdadero científico el concentrase en un solo fenómeno cuando al mismo tiempo, alrededor de este, le están pasando otros doce fenómenos biofísicos mas. Al ignorar esta docena de fenómenos que ocurren durante una infección estamos ignorando también el 92.30% (12 de 13 en porcentaje) de posibilidades de entender perfectamente lo que pasa durante la infección. Es decir, las posibilidades de resolver la infección con tan solo el 7.69% (1 de 13 en porcentaje) de la información que se produce durante el fenómeno son casi nulas. Desde este *punto de vista bio-físico*, ahora sí, es muy comprensible el porqué la ciencia médica no ha encontrado la solución al problema mundial de SIDA por VIH.

Es como si tuviéramos un súper auto con un motor de 12 cilindros cuya transmisión fuera de 13 velocidades manuales y sólo usamos la primer velocidad. Supongamos que la capacidad del súper auto es de 200 millas por hora en su velocidad número trece y Ud. *ignora* que el auto posee esa capacidad y 13 velocidades manejándolo sólo en la primera velocidad que lo llevaría a obtener 20 o 30 millas por hora. El mito de que usamos solo el 10% del cerebro es eso, solo un mito, porque en verdad, utilizamos el 100% de nuestro cerebro aun cuando estamos dormidos. Yo cambiaria esa frase por esta que es más realista: ***utilizamos solo el 10% de nuestra mente*** (o de nuestra capacidad mental). *Utilizamos el 10% de nuestra mente en un cerebro de 100%.* Trasladándole al ejemplo del súper auto, el cerebro es el motor, cuando esta encendido los 12 cilindros funcionan 100%, y la mente es la transmisión que manejándolo en solo la primera velocidad, obtenemos el 7.69% de su capacidad.

Por esta razón, a 33 años de distancia del primer diagnostico de SIDA en el mundo, los científicos no han podido encontrar la curación. Le están apuntando al objetivo equivocado concentrándose en solo uno de los trece fenómenos biofísicos implicados durante la infección: el bio-químico. Mas detalles sobre la crisis médica para curar enfermos los encontrará el lector en la obra del mismo autor "Limpiar, nutrir, reparar" Palibrio 2013. (37).

La salud en el futuro:

Pareciera que la humanidad se encamina a crear una sociedad súper tecnificada, súper digitalizada, súper computarizada, súper comunicada, súper diagnosticada y desafortunadamente súper enferma. Algo insólito está sucediendo, al parecer somos muy inteligentes para resolver algoritmos y problemas matemáticos y algebraicos creando súper computadoras en microchips y súper estructuras arquitectónicas pero al mismo tiempo nos faltara esa inteligencia para resolver problemas de salud. Cuando un astrofísico se equivoca en sus cálculos matemáticos y astronómicos, un cohete espacial falla matando a sus tripulantes (cosa que sucede muy rara vez). Cuando la ciencia médica falla en hacer sus análisis de causa/efecto sobre una infección como el SIDA, miles o millones de personas mueren de dichas infecciones.

A menos que la ciencia médica se apoye de la física y la biofísica para el entendimiento total y holístico del cuerpo humano, y en las escuelas de medicina se empiecen a enseñar materias como la física cuántica y la física relativa, el futuro de la humanidad no será nada halagador. Imagine el lector para el año 2070, naves espaciales viajando al planeta Marte y en la Tierra muriendo millones de seres humanos aún de SIDA y muchas otras enfermedades. No creo que el ser humano sea inteligente para unas cosas y torpe para otras, más bien el ser humano tiene interés en usar su inteligencia para lo que cree más conveniente.

Los que están en poder de cambiar lo que no funciona para buscar alternativas que si funciones no parecen interesados en este tema por razones de interés financiero. Es más negocio mantener controlado al enfermo que sanarlo. Al parecer, no hay gran ganancia financiera al sanar enfermos. Consumirían servicios y productos por algún tiempo hasta que sanen, en cambio, al controlarles la enfermedad, consumen servicios y drogas de por vida. Revisemos nuestras conciencias y hagamos el bien, por siempre y para siempre.

En el futuro veo dos clases de humanidad con respecto a la salud, y nada tienen que ver con las clases sociales de ricos, pobres o clase media. La primera clase de seres humanos estará informada acerca de la verdadera naturaleza del cuerpo humano y del origen y causa de todas las enfermedades, como prevenirlas y como tratarlas de manera natural y energética, viviendo con frugalidad bajo los principios del Reino de Dios en la Tierra, viviendo más de cien años sin padecer enfermedades crónicas ni degenerativas en armonía con la naturaleza. Su estilo de vida y los avances tecnológicos serán la clave para su longevidad. Su promedio de vida a finales de este siglo XXI será de 120 a 130 años pudiendo vivir hasta los 150, viviendo vidas en salud y bienestar.

La otra humanidad, viviendo la vida promedio que se vive actualmente (de 55 a 80 años en 2014), sin conocer la verdad sobre los alimentos que están causando el 80% de las enfermedades y sufriendo de diabetes, artritis, alta presión, cáncer, lupus, sida, leucemia, obesidad, infartos al corazón, al cerebro, alergias, asma, colitis, etc.

Muriendo muertes prematuras, no sin antes sufrir y hacer sufrir a sus seres amados por los efectos colaterales de sus enfermedades.

Algunos de ellos tendrán acceso al conocimiento que los hará libres de todas estas enfermedades, muchos otros no creerán y otros más simplemente no escucharán. Más para los que tengan oídos para oír y mente abierta para recibir, a ellos el autor dedica esta y todas sus obras sobre las artes de sanación natural.

Espero que esta obra y su contenido sean de gran beneficio y bendición para la humanidad y para los infectados por el virus del VIH.

Doy gracias a Dios Padre por la vida que me da y los dones que he recibido. Más gracias le doy por su amor y su protección.

Mil bendiciones:
Dr. Silverio Javier Salinas Benmavides.

Capítulo I

Antecedentes del Protocolo de Investigación (1993)

El capítulo 1 y 2 de esta obra se refieren a los antecedentes y la justificación para realizar el protocolo de investigación "Evaluación de los efectos clínicos, inmunológicos y antigénicos del VIH-1". El capitulo 8 describe los resultado de la realización del protocolo. EL resto de la obra habla sobre las hipótesis y teorías físicas y biofísicas que explicarían como un par de magnetos pueden negativizar el PCR del virus del SIDA.

A.- Demostración científica de la existencia de campos bio electro magnéticos (energía b.e.m.) en todos los seres vivos. Indistintamente, en esta obra llamare a esta energía b.e.m. o campos BEM.

Para 1980 las evidencias experimentales sugirieron que todos los objetos y especialmente los objetos vivos contienen y están rodeados por nubes difusas de materia – energía – probablemente mejor considerada como un estado de plasma superconductivo y mejor analizado por la aplicación de una forma de extensión proveniente de la teoría especial de la relatividad de Einstein (1,7,8).

Se describe a éstas nubes como composición de un plasma superconductivo difuso relativístico el cual, por consideraciones relativísticas, no puede ser medido dentro de sí mismo por un observador del exterior con parámetros físicos. Sin embargo lo que si puede ser medido son los efectos externos, pueden ser acentuados y medidos por:

a) La aplicación de altos voltajes como la fotografía Kirlian. (2, 3, 4, 6).

b) Las líneas de los campos eléctricos y/o magnéticos pueden adquirir masa y/o energía por la capturación de las ondas de plasma.

c) La presencia del plasma superconductivo debería causar oscilaciones moleculares adyacentes que pueden ser detectables por medio del láser.

d) El plasma superconductivo tiene influencia sobre el alineamiento geométrico de dichas moléculas y por lo tanto influye en los procesos físicos y químicos que dependen de la alineación posicional de las moléculas adyacentes, y así, el plasma puede ser, por lo tanto, pronosticado por la influencia de reacciones antígeno -anticuerpos, precipitación y cristalización de sólidos en soluciones.

e) Se puede esperar que el plasma superconductivo adquiera un **dipolo magnético** momentos después de ser expuestos a un campo magnético y/o eléctrico de alta intensidad (1,5,6,9).

La fotografía Kirlian es llamada también: electro grafía o fotografía de alto voltaje, fotografía de campo – radiación y fotografía de descarga en corona, fue popularizada por Aeymon Davidovich Kirlian en la Unión Soviética (2). Está siendo cada vez más usada con fines diagnósticos (2, 3, 2). Al poder fotografiar la corona de energía lumínica que envuelve a los seres vivos; en particular se fotografían las yemas de los dedos para analizar su corona en términos de color, cualitativa y cuantitativamente por ejemplo en pacientes con cáncer y pacientes normales (4).

El estudio de ésta corona lumínica ha avanzado más en los últimos años. En 1988 aparece el artículo "**Aspectos Físicos del Biofotón**" (10) donde a esta bioluminiscencia que puede rodear al cuerpo humano hasta varios centímetros por encima de la superficie de la piel (2, 3, 4) se le denomina biofotón y describe los resultados de experimentos en donde éste biofotón es medido cuantitativamente por un aparato denominado foto contador estático (PCS) (11,12). Los fotones juegan un papel fundamental en una variedad de importantes funciones biológicas llamadas fotosíntesis, foto taxis, fototropismo, foto periodicidad y foto reactivación, (10).

Aunque para 1988 los mecanismos de bioluminiscencia no eran todavía completamente conocidos existían amplias indicaciones de que esta emisión e luz intermitente de más de 10 fotones tiene alguna significancia informativa. Una de las principales conclusiones a las que llegaron éstos investigadores es que todos los tejidos vivos presentan una emisión de fotones ultra débil la cual provoca una corriente casi continua de fotones que pueden ser medida con aparatos ultrasensibles como el PCS. (10). Dicho artículo demanda en términos muy generales que todos los "Biofotones" son liberados desde un campo electromagnético totalmente coherente el cual sirve como base de comunicación dentro de los tejidos vivos.

Esta comunicación es debido a algo así como una resonancia de largo alcance que puede darse entre célula y célula, tejido y tejido, órgano y órgano, de un animal a otro, de una planta a otra, e incluso de un animal a una planta, correlativo a su emisión fónica (EF) (10).

Concluye el citado artículo mencionado que resultados experimentales (13, 14) así como alguna indicaciones teóricas (15, 16) apuntan hacia los biopolímeros, en particular los exiplexos de D.N.A. como el origen esencial de un campo electromagnético coherente entre los tejidos vivos.

Mi conclusión sobre todos estos hallazgos bibliográficos es que la bioluminiscencia captada por la cámara Kirlian es causada por los biofotones que emiten todas las células y entidades vivientes, y que esta bio luminosidad es la responsable de la energía bio electro magnética (energía BEM por sus siglas) que manifiestan todas las entidades vivientes, desde un virus, una bacteria, una célula, hasta un tejido, un órgano o un cuerpo humano. Que esta energía BEM es influenciada y puede ser alterada por elementos físicos y químicos que aplicados a la biología son elementos Biofísicos y Bioquímicos tales como los magnetos y los medicamentos.

Cuando elementos físicos como el magnetismo de un imán son aplicados al cuerpo humano con fines terapéuticos le llamo Terapia Biofísica de Campos Magnéticos, ampliamente conocida con el término de **Biomagnetismo.**

B.- Biomagnetismo

El Biomagnetismo estudia los efectos de los campos magnéticos sobre los animales y sistemas vivos, estos campos magnéticos no deben estar asociados con ninguna frecuencia de radio, métodos instrumentales que produzcan ondas de radio, diatermia o cualquier otra energía electromagnética (17).

Un experimento que puede realizarse en cualquier laboratorio y servir para demostrar los efectos de los campos magnéticos sobre los sistemas de seres vivos es el siguiente: se pude tomar sangre humana o de animal, separar las células rojas y observarlas bajo el porta objetos que todas las células rojas se aglutinan y apuntan en una dirección cuando se les aplica un campo magnético. Esto es la polarización, alineación del hierro y los iones que poseen las células rojas (17).

Existen evidencias bibliográficas que demuestran que el Biomagnetismo es estudiado y aplicado desde finales del siglo diecinueve y principios del veinte (18, 19). Hasta los 30's en el siglo pasado, se pensó que los 2 polos de un imán (norte y sur) eran homogéneos, significando exactamente lo mismo en naturaleza y efectos. Ahora se sabe, gracias a las investigaciones de Albert Roy Davis que un imán o magneto nos provee de dos formas completamente diferentes de energía que provienen de los polos de un imán o cualquier magneto o tipo de material que presente los dos polos energéticos así como los conocemos (17).

Estos dos tipos de polo son generalmente conocidos como polo norte y polo sur, se ha determinado por ejemplo que la dirección de sus movimientos giratorios de los electrones (energía magnética) está inverso en la naturaleza uno de otro. La energía que proviene de un polo sur de un imán se mueve, viaja y emprende un giro completo de energía que se recicla y mueve a la derecha de la manecilla del reloj; cuando esta energía proviene del polo norte de un imán se mueve y se recicla hacia la izquierda de las manecillas del reloj. Todas estas mediciones han sido hechas por magnetómetros muy complejos (17), (reporte de investigación No. 1 Págs. 10, 11, 12, 13, 14).

También se logró determinar que la naturaleza eléctrica del polo sur es positiva y la del polo norte es negativa. Experimentos realizados indican que si una semilla es expuesta a un campo magnético sur (positivo) esta aumentará su crecimiento y mejorará la calidad de sus productos vegetales. Se llegó a la conclusión experimentado en otros seres o sistemas vivos que el polo sur estimula el crecimiento de todo sistema viviente.

Lo contrario sucede con el polo norte que disminuye y retarda el crecimiento celular y de hecho este polo se utiliza en Biomagnetismo para detener el crecimiento de algunos tipos de cáncer (17). En análisis bioquímicos de laboratorio se encontró que los carbohidratos, las proteínas y los aceites presentaron niveles más altos en los vegetales estimulados por el polo sur de un imán en comparación con el grupo de control no tratado. Lo contrario sucede en plantas y semillas tratadas con el polo norte. Los mismos experimentos se realizaron en lombrices de tierra, ratones y familias de ratas con los mismos resultados.

Todos estos experimentos se han realizado con un tipo estándar de imán, el biomagneto No. 1 que consiste en una barra de 6 pulgadas de largo por 21/2 de ancho y que transmite campos magnéticos de aproximadamente 3,000 gauss (el termino gauss es la unidad de magnetismo así como el volt representa el voltaje). (17, reporte de investigación No 2 Págs. 14, 15, 16).

Estas son algunas patologías en las que se han demostrado buenos resultados mediante la utilización de uno de los polos del biomagneto No. 1: (para mayor información ver referencia).

"POLO NORTE"

Artritis (17, páginas 16 y 17).
Desórdenes dentales acompañados de dolor de dientes y encías (17, página 18).
Sangrado y/o hemorragia (17, página 19)
Infección y litiasis renal (17, página 22).
Hígado: hepatitis (17, página23).
Ojos: glaucoma (17 página 26)
Pulmón: infección bacteriana y catarro común (17, página 25)
Bronquitis (17, página 26)
Hipertensión arterial (17, página 28)
Tumoraciones: Benignas y/o malignas (17, páginas 28 y 29)
Oídos: infecciones (17, página 31)
Quemaduras: (17, página 33)
Estomago: úlcera (17, página 42)
Fractura: dolor (17, página 42).

"POLO SUR"

Desgarro tendinoso y muscular: (Esguince) (17, página 18).
Próstata: deficiencia prostática (17, página 20)
Gónadas masculinas y femeninas: Hipofunción (17, página 21)
Páncreas: Hipoinsulinhemia (17, página 23)
Vías respiratorias: congestión que curse con infección (17, página 25)
Pulmón: enfisema (17, página 26)
Corazón: insuficiencia cardiaca (17, página 26 y 27)
Quemaduras: que no cursen con infección (17, página 33)
Estomago: Dispepsia (17, página 34)

El tiempo de aplicación de los imanes varia de 15 minutos a 1 hora 2 veces por día y los resultados pueden observarse en cuestión de un par de días hasta varias semanas según el caso.

Albert Roy Davis* concluye su trabajo "La anatomía del Biomagnetismo" con la siguiente información:

> *"El Biomagnetismo de un imán puede ser*
> *usado para el diagnóstico de enfermedades*
> *en humanos y animales así como también*
> *se puede detectar ciertos tipos de cáncer*
> *y su posible represión y/o control."*

C.- La polarización de un órgano

En estudios posteriores, los doctores Broeringmeyer (20) describen la **polarización de un órgano** de la economía al perderse la entropía de un sistema termodinámico, ácido-básico y/o energético estable (Figs. 1. a y b). Esta polarización de un órgano se torna energéticamente positiva (Fig. 1. a) cuando el órgano afectado presenta exceso de hidrogeniones (H+) (radicales libres con carga eléctrica positiva) y como consecuencia un PH acidótico. La polarización en negativa (Fig 1. b) cuando el órgano afectado presenta déficit de iones de hidrógeno con la presencia de radicales libres de carga eléctrica negativa y un PH álcali.

---

*   Albert Roy Davis (H)DS. Es director de Albert Roy Davis Research Laboratory, Green Grove Springs, Florida 3 2043 U.S.A. 520 Magnolia Av., la presente información fue publicada en Junio 18 de 1974 (17).

Figs. 1.a y 1.b: La polarización de un órgano.

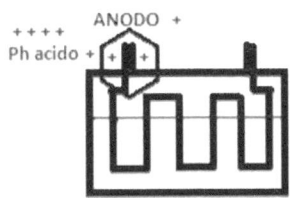

Polarización de un órgano
Electricidad: positivo
Magnetismo: polo Sur
Bioquímica: ph ácido
Figura 1. a

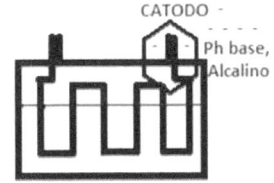

Polarización de un órgano
Electricidad: negativo
Magnetismo: polo Norte
Bioquímica: ph alcalino, base
Figura 1. b

Nota del Autor: *Hago la representacion de la polarizacion de un órgano sobre el esquema de una bateria o pila electrica con el fin de preparar al lector para el entendimiento claro de mi teoria del bioacumulador Timo-Digestivo-Recto.*

Describen estos trabajos la forma en que esta polarización de un órgano en particular puede ser detectada en forma cualitativa e indirecta por medio de un imán de mediana intensidad (entre 1,000 a 15, 000 gauss de potencia magnética). (21). También describen la técnica para detectar dicha polarización, resumiéndola de este modo: al aplicar el magneto rastreador sobre un órgano sano con PH neutro, usando la polaridad Norte sobre la piel del paciente, el hemicuerpo derecho no reacciona de ningún modo. Sin embargo, al aplicar el mismo magneto sobre un área u órgano que este polarizada hacia el sur (con carga eléctrica positiva + y con pH acidótico) la reacción que se observa es un *alargamiento* del hemicuerpo derecho. en este caso del miembro inferior derecho, de una manera visible e incluso medible (desde 0.5 cm hasta 2.5 cm). Ver secuencia de Fotos 5, 6 y 7 en el Capitulo V.

Si el área afectada está polarizada hacia el espectro Norte (con carga eléctrica negativa y un PH alcalino o básico) entonces lo que ocurre es un *acortamiento* del hemicuerpo derecho. en este caso del miembro inferior derecho, de una manera visible e incluso medible (desde 0.5 cm hasta 2.5 cm).

De este modo los Drs. Broeringmeyer descubren y encuentran la manera de detectar la acides o la alcalinidad de un órgano mediante el uso de magnetos de mediana intensidad. Observaron que al detectar esta acides o alcalinidad de un órgano, invariablemente vendría acompañada de signos y síntomas físicos relacionados a algunas enfermedades. Su tratamiento consistía en aplicar un magneto de mediana intensidad y *polaridad contraria* al órgano afectado y así *aliviaban* los síntomas del paciente. Esto sucedía porque los iones excesivos del órgano afectado eran atraídos por el magneto de mediana intensidad con polaridad contraria, según la ley de cargas electromagnéticas.

D.- El par biomagnético del SIDA.

Finalmente el **Dr. Goiz Durán**, quien fuera discípulo de los Broeringmeyers, en su conferencia: "Biomagnetismo y Sida" (21) menciona que para restablecer la entropía (equilibrio termodinámico, acido básico y energético) de un sistema, al polarizarse un órgano positivamente, invariablemente habrá otro que lo haga en forma negativa, de igual forma que en el sistema circulatorio una acidosis respiratoria provoca una alcalosis metabólica,

A estos 2 órganos que presentan mutua resonancia magnética, uno en forma positiva y otro en forma negativa los llama Par Biomagnético (Figuras 2a y 2b).

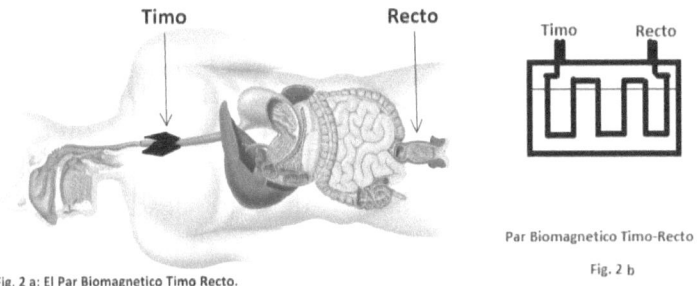

Fig. 2 a: El Par Biomagnetico Timo Recto.

Par Biomagnetico Timo-Recto

Fig. 2 b

Figs. 2 a, b. El par biomagnético timo-recto.

Observó, entre 1988 y 1992, en cuatro años de estudio en poco más de 200 pacientes H.I.V.+, todos sin excepción presentaron el par biomagnético Timo positivo y recto negativo y que ninguna otra patología presentó este par Timo-Recto (de 15,000 valorizaciones biomagnéticas) por lo que sugiere *que el par biomagnético Timo-Recto es patognomónico de H.I.V.* hasta no demostrar lo contrario. Describe en su libro (21) el par biomagnético de por lo menos 20 enfermedades y como al despolarizar los órganos afectados, utilizando imanes de mediana intensidad los signos y síntomas de dichas enfermedades desaparecen totalmente cuando no está en una fase degenerativa, incluso en los pacientes con SIDA.

En la actualidad, el Dr. Goiz ha descubierto el par biomagnético de casi 300 enfermedades, ha brindado entrenamiento biomagnético a mas de 20 mil terapeutas en todo el mundo y sus trabajos científicos sobre el par biomagnético y el Biomagnetismo medico son ya reconocidos en varias universidades e instituciones educativas de diversos países.

E. SIDA y Biomagnetismo 100 casos.

A principios de 1992, el Dr. Goiz Duran aceptó como su discípulo al **Dr. Silverio Salinas** (autor de este libro) quien aprendió la teoría y la técnica del *par biomagnético* directamente de su descubridor. En diciembre de 1992 fue presentado el trabajo **Sida y Biomagnetismo 100 casos** de Nuevo Laredo Tamaulipas, México, por el Dr. Silverio J. Salinas Benavides en el VI Congreso Internacional de Medicina Tradicional, en el Universidad de Texas A & I de Kingsville, Texas. E.U.A., concluyendo con la siguiente casuística: de 100 pacientes presentaron el esquema Timo-Recto de entre 1,500 valoraciones biomagnéticas, 66 pacientes habían sido confirmados previamente con exámenes de Elisa y Western Blot, tanto en México como en E.U.A. Cincuenta y tres pacientes desertaron al inicio del tratamiento, 2 pacientes en fase terminal fallecieron (originario de Monterrey, NL.) 21 pacientes presentaron mejoría clínica notable y desapareció su esquema Timo-Recto; los 24 pacientes restantes 19 son HIV+, 8 de ellos no presentaron síntomas manifiestos, aunque desapareció esquema Timo-Recto.

De los 11 HIV+ restantes, todos presentaron el síndrome manifiesto (SIDA) con signos y síntomas característicos del mismo, 10 de estos pacientes obtuvieron la desaparición total de su cuadro clínico en un tiempo que varía de 2 a 5 semanas. El último paciente presento Sarkoma de Kaposi en ambas extremidades el cual mejoro clínicamente durante el tratamiento.

El Congreso mencionado fue auspiciado tanto por la Universidad de Texas A and I como por la Academia Mexicana de Medicina Tradicional fundada el 28 de agosto de 1980 por el Dr. Oscar Hutterer Ariza, quien fungió como presidente.

La oficina de la academia estaba ubicada en el edificio de la Secretaria de Salud, Reforma 503 4to.piso en el área de asesoría; las memorias del congreso deberían de estar disponibles y publicadas por la Texas A and I University en conjunto con la California Irving University, 1992.

Capítulo II

Justificación del Protocolo de Investigación (1993)

En 1993, después de haber presentado su trabajo "**Sida y Biomagnetismo 100 casos** de Nuevo Laredo Tamaulipas, México", en el VI Congreso Internacional de Medicina Tradicional, en el Universidad de Texas A & I de Kingsville, Texas, el autor logra convencer a dos científicos de la Facultad de Medicina de la Universidad Autónoma de Nuevo León en México de la necesidad de realizar un protocolo de investigación para demostrar científicamente que *el virus del SIDA puede ser negativizado* mediante la utilización de magnetos de alta potencia con la técnica de Biomagnetismo aprendida previamente del Dr. Goiz Durán.

Estos dos científicos fueron: el Dr. Mario Cesar Salinas Carmona, Jefe del departamento de Inmunología Clínica y el Dr. Francisco González Jefe del departamento de Medicina Preventiva de dicha institución donde el Dr. Silverio Salinas fungió como instructor durante su época de estudiante de medicina. Ver Foto No. 1.

Foto 1: de izquierda a derecha: *Dr. Mario Cesar Salinas Carmona, Jefe de Inmunología. Dr. Francisco González Rodríguez, Jefe de Medicina Preventiva, Dr. Jesús Zacarías Villarreal Pérez Director de la Facultad de Medicina U.A.N.L. y el Dr. Silverio J. Salinas Benavides Presidente de la Fundación Izcalli para la Investigación del SIDA, A.C.. Foto tomada en el Departamento de Inmunología antes de que el Dr. Silverio Salinas entregara el Termociclador ADN visto al fondo. Junio de 1993.*

Ambos científicos fueron maestros del autor durante su formación como médico y sus atentos colaboradores durante la realización del protocolo de investigación llamado: *"Evaluación de los efectos clínicos, inmunológicos y antigénicos de la terapia biofísica de campos magnéticos en pacientes con VIH-1". (1993-1994)"*, presentado y publicado el 24 de Octubre de 1994 en las Memorias del XII Encuentro de Investigación Biomédica de la Facultad de Medicina Universidad Autónoma de Nuevo León, en la ciudad de Monterrey N.L. México. (25). Ver foto No 2 abajo.

Foto 2: *El viernes 28 de Octubre de 1994, el Dr. Silverio Salinas presentó los resultados de su Protocolo de Investigación "Evaluación de los efectos clínicos, inmunológicos y antigénicos de la terapia biofísica de campos magnéticos en pacientes con VIH-1". (1993-1994)" en la Facultad de Medicina de la Universidad Autónoma de Nuevo León, Monterrey México, durante el XII Encuentro de Investigación Biomédica.*

En verano de 1993, para la realización de dicho protocolo, siendo presidente fundador de la organización no gubernamental sin fines de lucro "Fundación Izcalli de Biofísica para la Investigación del S.I.D.A. y otras enfermedades A.C." (F.I.B.I.S.O.E.), el Dr. Silverio Salinas dona a través de dicha fundación un Termociclador ADN al Departamento de Inmunología de la Facultad de Medicina de la U.A.N.L. Ver Foto 3.

Foto 3. *Termociclador ADN. Donado en Junio de 1993 por el Dr. Silverio Salinas como Presidente de la Fundación Izcalli de Biofísica para la investigación del SIDA y otras enfermedades A.C. al Departamento de Inmunología de la Facultad de Medicina de la U.A.N.L. Históricamente, en su época, primer y único Termociclador ADN en toda Latinoamérica para detectar el virus del VIH.*

El Dr. Jesús Zacarías Villarreal Pérez fungió como Director de dicha institución en esa época y fue quien recibió el Termociclador ADN como donación. Actualmente, en el 2014, el Dr. Villarreal funge como Secretario General Titular de la Secretaria de Salud del Estado de Nuevo León en Monterrey N.L. México, cuya dirección es Matamoros # 520 Ote. 4to. Piso. C.P. 64000. Mayores detalles sobre la donación los encontrará el lector en el libro "Sobrevivientes del SIDA" del Dr. Jorge Galván. (36). Foto 4.

Foto 4. *El Dr. Jesús Zacarías Villarreal Pérez, Director de la Facultad de Medicina de la U.A.N.L. recibiendo el Termociclador ADN el 17 de Junio de 1993.*

Con esta donación y por primera vez en México y en toda Latinoamérica, históricamente hablando, se pudo realizar el examen PCR (siglas en ingles de *reacción en cadena de la polimeraza*) para el VIH-1. Solo existían dos Termocicladores en México, este, que sería dedicado exclusivamente para detectar el conteo viral del VIH-1 y el segundo que solo se usaba en la Ciudad de México para determinar la compatibilidad genética entre padres e hijos en los cuales había duda sobre la verdadera paternidad.

Para demostrar que la Terapia Biofísica de Campos Magnéticos era capaz *de negativizar el virus del SIDA*, fue necesario donar no solamente el Termociclador ADN. Mediante su Fundación F.I.B.I.S.O.E. el autor siguió donando los reactivos necesarios para la realización del protocolo desde Septiembre de 1993 hasta Octubre de 1994.

La siguiente es una narrativa de lo que fue la *justificación* de la realización del Protocolo de

Investigación: *"Evaluación de los efectos clínicos, inmunológicos y antigénicos de la terapia biofísica de campos magnéticos en pacientes con VIH-1". (1993-1994)".* (25)

Justificación (1993):

"Según la Organización Mundial de la Salud (OMS) para el año 2,000 se esperaba que existieran 40 millones de personas infectadas con el virus de SIDA, en todo el planeta. México aportaría a dicha cantidad un millón de personas infectadas de un total de 1457 países. (23)."

"Según datos de la Secretaria de Salud de México de 1983 a 1994 se han registrado 19 mil 200 casos de SIDA en el país, de ellos el 50% ya falleció, sin embargo, en un sub registro esa cifra podría ascender a 27 mil infectados. Dadas las características de transmisibilidad del SIDA, se estima que haya entre 50 y 100 personas infectadas por cada uno de los casos registrados. Si estos datos son correctos tendríamos que estadísticamente había actualmente en México entre 960 mil en el mejor de los casos y 1,920,000 en el peor caso. Esa cifra en un país de 90 millones de habitantes nos indica que el 1% de la población se encuentra ya infectada. (23)"

"La Décima Conferencia Internacional Sobre SIDA celebrada en Yokohama, Japón en Agosto de 1994 después de haber presentado alrededor de 3,500 investigaciones sobre la guerra contra el Sida, coincidieron en una desbastadora conclusión: no tiene cura, no hay ningún tratamiento eficaz, no se vislumbra vacuna preventiva alguna. El AZT no cambia en absoluto la mortalidad de SIDA salvo en los nonatos en que la madre tomo AZT durante el embarazo como modo de prevenir el contagio, pero esto no sirve de mucho en países pobres porque el medicamento es caro. Las vacunas experimentales que se han probado hasta el momento han fracaso rotundamente y habremos de esperar el fin del siglo y del milenio para encontrar alguna posibilidad de éxito."

"Estas son las principales razones por las que buscamos, bajo las **bases de la compasión,** una alternativa científica en el tratamiento del SIDA mediante la terapia biofísica de campos bio-electro-magnéticos (c.b.e.m.). Atendiendo a la recomendación de la Decima Conferencia Internacional sobre el SIDA sobre la necesidad de volver a los puntos de vista básicos del problema, *la terapia biofísica utiliza como terapéutica una de la 4 fuerzas básicas que mantienen unido al universo (y al VIH)* tal y como lo conocemos hasta el momento. (Nuclear fuerte, Nuclear débil, Gravedad y *Electromagnetismo*)."

"La terapia Biofísica utiliza electromagnetismo como Terapia Física al igual que en medicina física se utiliza el Radio en Radioterapia y el calor en la diatermia. Así como el electrocardiograma y el electroencefalograma miden los cambios eléctricos de la actividad del corazón y del cerebro, existen aparatos sensibles a los cambios electromagnéticos del cualquier órgano de la economía. Existen evidencias suficientes para afirmar que un órgano cuando presenta un **estado patológico** genera un campo bio-electromagnético a su alrededor **polarizándose en forma positiva o negativa**, y dicho campo es detectable e influenciable mediante la utilización de magnetos de 1,000 a 15,000 gauss de potencia. (20)"

"En pacientes con **SIDA por VIH-1** detectamos en todos los casos la polarización de 2 órganos simultáneamente: el **Timo y el Recto**, siempre con polaridad contraria uno del otro (21) (Fig. 2). Utilizando la ley universal de cargas electromagnéticas que establece que dos fuerzas opuestas se atraen y dos fuerzas iguales se repelen logramos la **despolarización del Timo y del Recto mediante magnetos de mediana intensidad** en pacientes con SIDA por HIV-1 sin efectos colaterales ya que es un procedimiento no invasivo. (25). En el transcurso de 3 a 12 meses logramos la mejoría clínica e inmunológica del paciente además de la **Negativización del R.C.P. (reacción en cadena de la polimerasa)** de 17 pacientes con SIDA (25), (Ver Capítulo VIII de Resultados del Protocolo de Investigación). Consultar la obra "Sobrevivientes del Sida" Dr. Jorge Galván 2002. (36)".

Capítulo III

Hipótesis

**De la terapia biofísica de campos
bio-electro-magnéticos (b.e.m.) en
pacientes con SIDA por VIH-1.**

Con esta hipótesis trataré de explicar científicamente lo
que podría estar pasando, bio electro magnéticamente
hablando, entre el Timo y el Recto cuando una persona es
infectada con el VIH-1. Esta hipótesis describe la posible
conexión interna entre ambos órganos, el porqué de esa
conexión en términos de energía BEM., su posible relación
con los síntomas clásicos del SIDA en pacientes con
VIH-1 y por último la posible explicación biofísica de la
negativización del VIH-1 mediante el uso de magnetos de
mediana intensidad colocados sobre el par biomagnético
Timo-Recto.

Bio-acumulador timo-digestivo-recto.

El virus del SIDA (VIH-1) al ingresar al torrente
sanguíneo y colonizar al Timo del ser humano, al igual que
el de la Hepatitis B al hígado, provoca un fenómeno bio
electromagnético al que por sus características bio electro
magnéticas le llamo *bio acumulador timo-digestivo-recto*
(b.a.t.d.r.) (Fig. 3a y 3b).

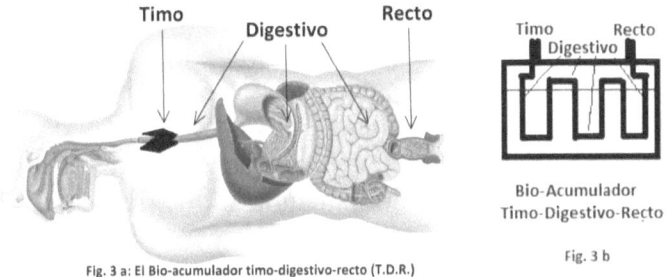

Fig. 3 a: El Bio-acumulador timo-digestivo-recto (T.D.R.)

Bio-Acumulador
Timo-Digestivo-Recto

Fig. 3 b

Figs.3 a, b: El bioacumulador timo-digestivo-recto (T.D.R.)

Para crear este fenómeno de bio-acumulación de energía BEM, el virus del VIH al infectar el Timo en su primera etapa provoca un efecto de **generador bio-electromagnético** (generador BEM.) **o bio-generador** que por influencia, en su segunda etapa, trasmite la "corriente" b.e.m. al esófago, de ahí al estomago, intestino delgado, intestino grueso y, por último, en su tercera etapa, al ámpula rectal o Recto.

Esta última estructura anatómica, el ámpula rectal, se convierte en receptor de la energía generada por el Timo por lo que manifiesta una polarización contraria al mismo. Por todo esto, el VIH-1 provoca un fenómeno natural biológico que he llamado de *acumulador bio electro magnético,* o **bio-acumulador** BEM (Fig.3), en donde el **timo** representa por lo regular el polo o **electrodo positivo**, ánodo (Fig. 1.a), y el **recto** el **polo o electrodo negativo**, *cátodo* (Fig. 1.b) y el esófago, estomago e intestino delgado y grueso viene funcionando como **conductores** de la corriente por su continuidad física, **condensadores** de energía por su extensión (más de 6 m) y **resistencia** bio eléctrica por sus dobleces (Figs. 4. a y b).

Este efecto de *bioacumulador* (Fig.3) entre el timo-aparato digestivo-ámpula rectal lo he observado, personalmente, en 136 pacientes VIH-1 seropositivos con Elisa y Western Blot comprobados de entre más de 3,000 valorizaciones biomagnéticas realizadas en mi consultorio médico de Nuevo Laredo Tamaulipas, México entre 1992 y 1994. Estos hechos podrían ser la manifestación de que *el bioacumulador Timo-digestivo-recto,* **pudiera ser patognomónico de SIDA por VIH**-1 hasta no demostrar lo contrario, tal y como lo asegura el Dr. Goiz Durán en su trabajo de Biomagnetismo y Sida (21).

A la **manifestación externa** de este bioacumulador timo-recto se le llamó *par biomagnético timo-recto* (Fig. 2) por su descubridor (21). A la **manifestación interna** de lo que pasa biofísicamente entre el timo y el recto yo le denomino *bio-acumulador timo-digestivo-recto o bio acumulador T.D.R.* (Fig. 3). A la primera etapa de todo este fenómeno BEM, los Drs. Broeringmeyer le llamaron **polarización de un órgano**, misma que yo describo como el efecto de bio-generador. Resumiendo estos descubrimientos BEM's y describiéndolos cronológicamente y en palabras técnicas de electricidad y magnetismo:

a) El Dr. Broeringmeyer descubren el ánodo, o la polarización positiva de un órgano, aunque también encuentran los cátodos (polarización negativa) pero desconocen su conexión. (Figs. 1.a y 1.b).

b) El Dr. Goiz Duran descubre la existencia del *cátodo* que conecta al ánodo, inicialmente en pacientes con SIDA por VIH. A esta conexión la describe como el *par biomagnético*. (Fig. 2).

c) El Dr. Silverio Salinas describe la **conexión interna** que conecta el ánodo con el cátodo, inicialmente en pacientes con VIH SIDA, y lo describe como un fenómeno de *bio acumulador timo-digestivo-recto (T.D.R.)* por sus características eléctricas y biofísicas. (Figs. 3 a, 3 b, 4a, 4b 4c y 8).

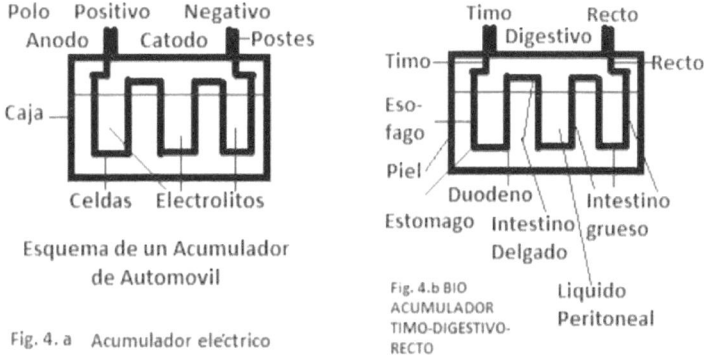

Esquema de un Acumulador de Automovil

Fig. 4. a Acumulador eléctrico

Fig. 4.b BIO ACUMULADOR TIMO-DIGESTIVO-RECTO

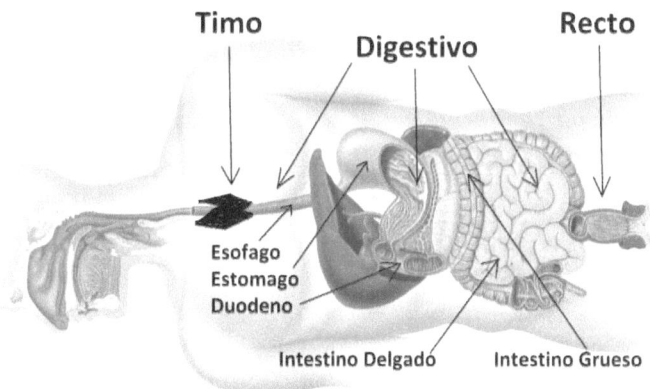

Fig.4 c: Anatomía del Bioacumulador T.D.R.

Figs.4. a, b y c: Anatomía del **Bioacumulador timo-digestivo-recto (T.D.R.)** y su comparación con los acumuladores físicos.

Este esquema de *bioacumulador timo-digestivo-recto (T.D.R.)* (Figs. 3 y 4) correspondería al paciente portador del VIH-1 o seropositivo o fase 0-1 de Walter Reed, asintomático. En este esquema se resumen mis cinco hipótesis que fundamentan mi teoría del **bio-acumulador**:

1.- Que el **timo** al ser infectado por el VIH pierde su equilibrio bioenergético (entropía) convirtiéndose en un *bio-generador* de corriente BEM y en el ánodo (carga b.e.m. positiva) del *bio acumulador*. (Fig. 1. a). En Biomagnetismo esta fase se describe como *la polarización de un órgano.*

2. Que el **tubo digestivo** (desde el esófago hasta el ámpula rectal) reciben esa corriente BEM por influencia (fenómeno eléctrico) e inducción (fenómeno magnético) sirviendo de **conductor, receptáculo**, **condensador y resistencia** bioeléctrica o b.e.m. del bio acumulador. (Fig. 4. a y b).

3. Que el ámpula rectal o **recto**, al recibir este cúmulo de corriente b.e.m. se convierte en otro *bio generador* con carga eléctrica y biomagnética contraria a la del timo (negativa o **cátodo**) por la ley general de cargas electromagnéticas. (Fig. 1. b). En Biomagnetismo esta fase es descrita como *el par biomagnético.*

4. Que estos tres fenómenos forman una especie de *bioacumulador* entre el timo, el aparato digestivo y el recto (Figs. 3, 4 y 5.a).

5. Que una vez saturado de corriente b.e.m. este *bioacumulador,* pasa la energía b.e.m. hacia otros órganos provocando a su vez se conviertan en

biogeneradores y bioacumuladores que, al seguir siendo alimentados y multiplicarse, luego formaran la **batería bio patogénica del SIDA**. (Figs. 5.a, b, b1, f).

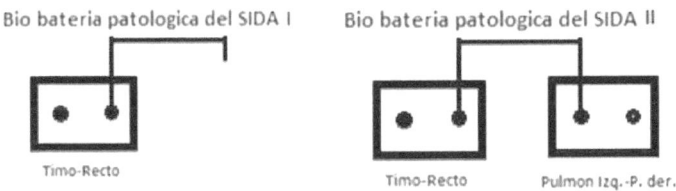

Fig.5a Bio acumulador   formando bio baterias. SIDA Primera etapa.

Fig.5b Bio acumuladores formando bio baterias. SIDA Segunda etapa.

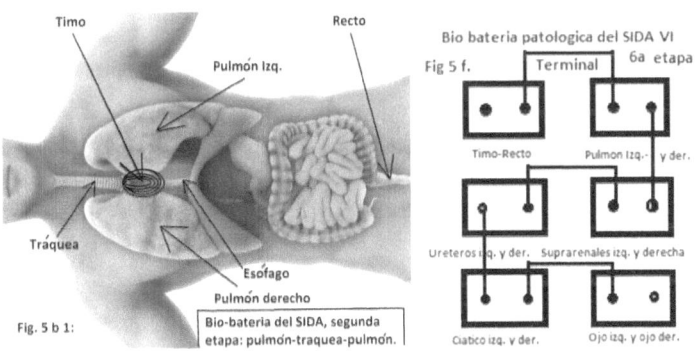

Figs. 5 a, b, b1, f. Batería Biopatológica del SIDA.

Capítulo IV

Teoría del bio acumulador timo-digestivo-recto (t.d.r. o T.D.R.).

Teoría:

El VIH produce en el cuerpo humano un fenómeno de bio-acumulador bio-electro-magnético.

A este fenómeno se le puede llamar de tres maneras:

a) Bioacumulador. (nombre simplificado).

b) Acumulador bio-electro-magnético. (por sus propiedades b.e.m.) o Acumulador BEM (por sus siglas).

c) Acumulador Biomagnético. (siguiendo la tradición del par biomagnético, origen y causa de este estudio).

Definición:

Para fines prácticos y simplificación de términos le llamaré *bioacumulador*, definiéndolo así:

Un *bioacumulador* es un sistema (configurado por órganos y/o tejidos) que almacena energía b.e.m. en mayor proporción que el resto del cuerpo.

Explicación del fenómeno bioacumulador y sus 6 etapas:

El potencial b.e.m. positivo del timo lo adquiere al ser colonizado por el VIH-1. La infección y replicación del VIH-1 en el timo genera *energía biofotonica* con propiedades bio electro magnéticas, creando así un campo b.e.m. a su alrededor (de unos 8 cm de influencia (4) el cual es detectado e influenciado a su vez por un magneto de 1 mil a 10 mil gauss de potencia magnética que al ser colocado en el pecho sobre el esternón en el área anatómica correspondiente al timo, provoca un reflejo b.e.m. en una de las extremidades inferiores (dilatación de la pierna derecha) el cual puede ser medido por el magnetómetro y los cambios b.e.m. que generan fluctúan entre los 5,000 a 20,000 OHMS de resistencia b.e.m. Este hecho se produce si el paciente está infectado por VIH-1 o por cualquier otro virus o bacteria que tenga su afinidad vibratoria con el timo. A continuación describo las seis etapas de la evolución biofísica de de un bioacumulador TDR.

1. *Bio-generador timo. Ánodo.*

En esta **1ª. Etapa** el timo, ya infectado por el VIH, se convierte en un *bio-generador* y funciona a su vez como el ánodo del Bioacumulador. (Figs. 1a, y 1a.1).

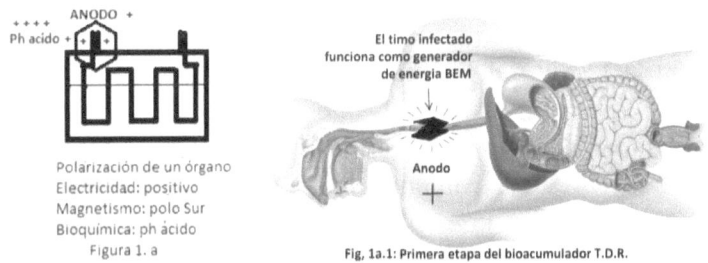

+ + + +   ANODO +
Ph acido +

Polarización de un órgano
Electricidad: positivo
Magnetismo: polo Sur
Bioquímica: ph ácido
Figura 1. a

El timo infectado
funciona como generador
de energia BEM

Anodo
+

Fig, 1a.1: Primera etapa del bioacumulador T.D.R.

Figuras 1a. y 1a.1 Polarización del Timo, primera etapa del bioacumulador.

2. Bio-resistencia, bio-condensador digestivo.

En la **2a Etapa** el biogenerador timo pasa la corriente BEM. al Tubo Digestivo convirtiéndolo en la *bio-resistencia* eléctrica y posiblemente un *bio-condensador* de la misma energía b.e.m. (ver Fig. 1a.2 y Fig. 4c y Fig 8).

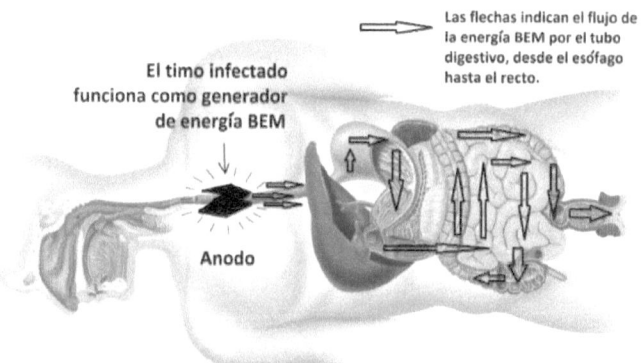

El timo infectado funciona como generador de energía BEM

Las flechas indican el flujo de la energía BEM por el tubo digestivo, desde el esófago hasta el recto.

Anodo

Fig. 1a.2 Flujo de la energía BEM, segunda etapa del bioacumulador TDR.

Fig. 1a.2: Segunda Etapa del Bioacumulador TDR. Saturación y flujo de la energía BEM hacia el tubo digestivo.

3. Bio-generador recto. Cátodo.

En la **3a Etapa** la energía BEM es depositada en **recto** convirtiéndolo también en un *bio-generador* con características y funciones de **cátodo**. (Fig.. 1.b, y 1.b.1). Según la teoría del Biomagnetismo Medico del Dr. Goiz Duran, al virus del VIH-1 que provoca la polarización del Timo, la bacteria E. coli le hace resonancia en el Recto. Y así sucesivamente, casi cada Par Biomagnético es precedido por una infección viral a la cual le hace resonancia una bacteria. Para más detalles de esta teoría, revisar las obras más recientes de su autor Dr. Isaac Goiz

Duran. Sería interesante que se realizaran protocolos de investigación científica destinados a corroborar esta teoría y la nueva vertiente que presentamos en esta obra que es la teoría del bioacumulador. Por lo pronto, aquí la grafica que explica el cierre de la formación del bioacumulador TDR.

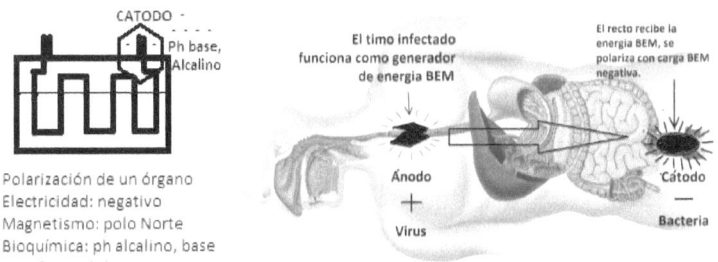

Fig. 1b.1: Polarización del recto. Tercera etapa del Biogenerador T.D.R.

Figs. 1b. y 1b.1. Formación del Cátodo, o polarización del recto. Tercera etapa del bioacumulador TDR.

4. Bio-acumulador timo-digestivo-recto (TDR). Etapa Estable o Asintomática.

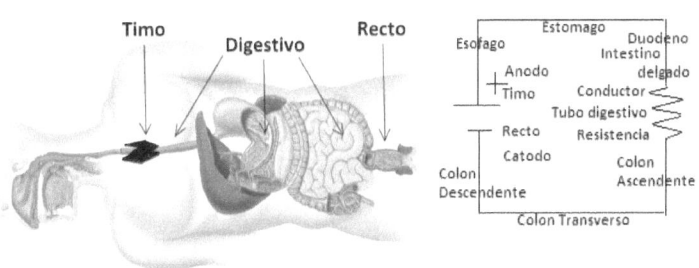

Fig. 3 a: El Bio-acumulador timo-digestivo-recto (T.D.R.)

Fig. 8. Clrcuito BEM o bio-electrico

Figs. 3 a y 8: Etapa estable y asintomática del bioacumulador TDR y su comparación con un bio-circuito BEM.

En la **4ª**. Etapa de *bioacumulador* **Timo-Digestivo-Recto**. La energía BEM generada por este bio-acumulador puede quedar **estable y balanceada (período asintomático)** por días, semanas, meses o años. Figs. 3 a y Fig. 8. En el Capítulo VII explicaré con detalle cómo el bioacumulador TDR funciona también como un Circuito BEM (Fig.8).

5. *Bio-acumulador timo-digestivo-recto (TDR)* *Etapa Inestable o Sintomática.*

En su **5ª Etapa**, este *bioacumulador* **Timo-Digestivo-Recto** se satura de energía o corriente BEM*. Su resistencia eléctrica, el tubo digestivo, al sobresaturarse de energía BEM *se sobre calienta* (*efecto Joule*) provocando así uno de los primeros y más comunes síntomas del SIDA por VIH-1: la *diarrea*. Esta 5ª Etapa es el inicio de la *etapa inestable o sintomática del SIDA*. Todos los síntomas digestivos de esta etapa, además de ser explicados por la inmunosupresión que causa el VIH al Timo, son también comprensibles si aplicamos el efecto Joule al tubo digestivo.

6. *Bio-batería patológica del SIDA.*

En la **6ª Etapa**, el Bio-Acumulador **Timo-Digestivo-Recto**, una vez saturada su capacidad de acumulador BEM, desborda su exceso de corriente BEM y la pasa por *inducción e influencia* (dos fenómenos físicos que aplicados a la biología son *biofísicos*) a otros órganos de la economía (bronquios, pulmones, riñones, páncreas, hígado, etc.) convirtiéndolos también en bio-generadores con sus bio-resistencias que formarán otros *bioacumuladores* que, al estar íntimamente conectados mediante la red del sistema nervioso periférico y sistema circulatorio, formaran así la *bio batería patológica* del SIDA. (ver Figs. 5 a-f).

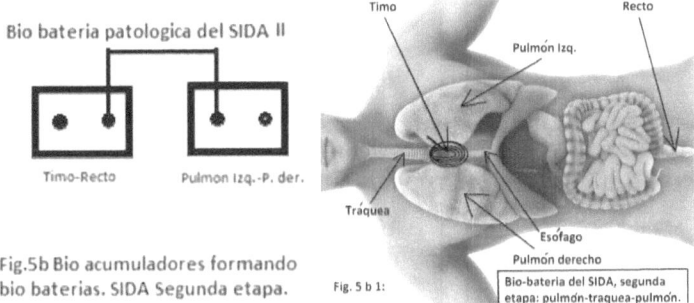

Fig.5b Bio acumuladores formando bio baterias. SIDA Segunda etapa.

Figs. 5b, 5b1: Paso de la energía BEM* desde el bioacumulador TDR a la tráquea y bronquios para crear el segundo nuevo bioacumulador: Pulmón derecho-bronquios-pulmón izquierdo.

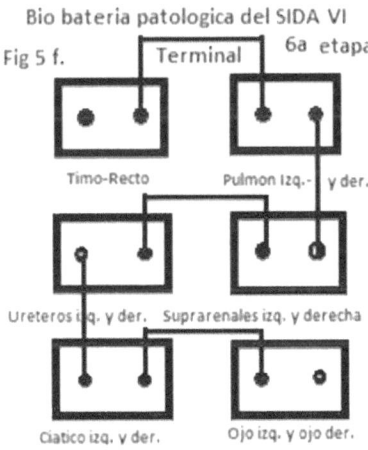

Fig. 5.f. Biobatería patológica del SIDA en fase terminal. Un ejemplo común.

Para entender mejor lo que es un *bio-generador, un bio-acumulador, una bio-resistencia y la bio batería patológica del SIDA* resumiremos cada una de las etapas. Esta sería la explicación científica más comprensible de lo que podría pasar dentro del **par biomagnético timo-recto** descubierto por el Dr. Goiz Duran en 1988. Explicaría no solo la conexión biofísica que existe entre el órgano timo y el ámpula rectal, sino también la sintomatología del SIDA desde el punto de vista biofísico, bio-eléctrico, biomagnético, bioenergético, fisiológico y patológico.

He aquí el resumen de las **seis etapas** del *bioacumulador timo-digestivo-recto*:

A.- primera etapa: *bio-generador timo. Ánodo.*

B.- segunda etapa: *bio-resistencia, bio-condensador digestivo.*

C.- tercera etapa: *bio-generador recto. Cátodo.*

D.- cuarta etapa: *bio-acumulador timo-digestivo-recto (TDR) Etapa Estable o Asintomática.*

E.- quinta etapa: *bio-acumulador timo-digestivo-recto (TDR) Etapa Inestable o Sintomática.*

F.- Sexta etapa: *bio-batería patológica del SIDA.*

*BEM = bioelectromagnética.

Capítulo V

Electricidad y bioelectricidad. Electromagnetismo biológico y su relación con los bio-generadores, bio-acumuladores y bio-resistencias.

A. Electricidad y la bioelectricidad.

Aunque la electricidad producida por el cuerpo humano no es medida en volts, si lo es en mili volts; recordaremos que la electricidad produce efectos:

a).- Luminosos
b).- Caloríficos
c).- Fisiológicos
d).- Mecánicos
e).- Químicos
f).- Magnéticos (22, Pág. 444, física).

Siendo así, entonces la *energía BEM* (bio electro magnética) que producen todos los seres vivientes tienen por consecuencia lógica los siguientes efectos:

a).- Bio-luminosos
b).- Bio-caloríficos
c).- Bio-fisiológicos

d).- Bio-mecánicos
e).- Bio-químicos
f).- Bio-magnéticos.

Aquí es donde unimos la *física* con la *biofísica*. Entendiendo los principios o leyes de la *física* con respecto a la electricidad y magnetismo, entenderemos perfectamente bien los principios o leyes de la *biofísica* con respecto a la *energía b.e.m.* o bio electro magnética. Es decir, mi teoría sobre los biogeneradores y bioacumuladores puede ser perfectamente entendida bajo las leyes de la física y la biofísica.

Nuestros cuerpos generan *energía b.e.m.* fácilmente medible mediante un voltímetro digital de Radio Shack® ($30.00 usd). Con este simple aparato, el Dr. Salinas ha hecho miles de valoraciones, colocando el electrodo positivo en la mano derecha y el negativo en la izquierda de los mano dominante derecha, llegando a las siguientes conclusiones en lo que a la electricidad biológica del los individuos respecta:

1. La energía bio eléctrica normal en individuos *sanos no atléticos* fluctúa entre los 10 a los 40 milivoltios en estado de reposo. Están casi siempre del lado *positivo* del espectro bio eléctrico. (+10 a +40 mv).

2. La energía bio eléctrica normal en individuos *sanos y atléticos* fluctúa entre los 40 a los 200 mili voltios según su estado de actividad o reposo. (+40 a +200 mv).

3. La energía bio eléctrica común en *individuos enfermos* fluctúa entre los -30 (espectro electromagnético negativo) a los 10 mili voltios (espectro positivo) (-30 a +10 mv).

4. La energía bio eléctrica común en individuos muy enfermos fluctúa entre los -5 y +5 mili voltios.

5. La energía bio eléctrica común en *individuos muy enfermos o muy fatigados* (o en fases terminales) fluctúa entre los -2 y +2 mili volts, siempre cerca del *cero* bio eléctrico.

6. La energía bio eléctrica común en individuos enfermos o sanos y con cualquier clase de *metales en su boca o su cuerpo* (trabajos dentales metálicos o joyería) fluctúa entre los -30 a -1 mili voltios. Casi siempre están del lado *negativo* del espectro bioeléctrico.

7. Individuos cerca del nivel bioeléctrico de -10 a -30 están enfermos pero con buen nivel de energía vital, muchos de ellos en apariencia sanos.

8. Individuos cerca del nivel bioeléctrico de -1 están invariablemente enfermos o extenuados y con muy bajo nivel de energía vital.

La fuente de esta *energía b.e.m.* proviene del aire (*oxígeno*), los *alimentos, el electromagnetismo del núcleo de la Tierra* y también de factores inherentes al estilo de vida del individuo, particularmente en lo que se refiere a las costumbres de ejercicio y reposo. Esta energía BEM es captada, sostenida, utilizada y transformada por cada una de nuestras células, órganos y tejidos. Transportada de un sistema a otro, de un órgano a otro dentro del mismo cuerpo mediante conexiones físicas del sistema nervioso y circulatorio y conexiones biofísicas como la emisión de biofotones. Esta emisión biofotonica discutida ya en el primer capítulo permitiría la transmisión de esta energía a otros seres vivientes (plantas, animales o humanos) y podría ser explicada básicamente por los principios básicos de la Mecánica Cuántica y la Relatividad. Este tema es motivo de otro trabajo científico.

B. Generadores físicos

Un generador físico es un dispositivo que tenga la capacidad de mantener en forma permanente y sensiblemente constante la diferencia de potencial entre los polos positivos y negativos.

Características de un generador físico.

a).- Produce corrientes eléctrica.
b).- Tiene 2 polos.
c).- Un hilo conductor entre ambos (22, Pág. 446, física).

Efectos de la corriente eléctrica:

a).- Calienta el conductor (propiedades caloríficas) (efecto Joule).
b).- Produce Fenómenos químicos.
c).- Produce campos magnéticos.
d).- Produce efectos fisiológicos. (22, Pág.446, física).

Tipos fundamentales de generadores físicos:

• **Primarios**: Convierten en energía eléctrica la energía de otra naturaleza que reciben o de la que disponen inicialmente, como alternadores, dinamos, etc.

• **Secundarios**: Entregan una parte de la energía eléctrica que han recibido previamente, es decir, en primer lugar reciben energía de una corriente eléctrica y la almacenan en forma de alguna clase de energía. Posteriormente, transforman nuevamente la energía almacenada en energía eléctrica. Un ejemplo son las pilas o baterías recargables o acumuladores.

C. Bio generadores

La teoría de que el Timo, al ser infectado por el VIH-1, y que su proceso infeccioso *genera electricidad* convirtiéndolo en un *biogenerador b.e.m.* se basa en el descubrimiento de uno de los efectos de la electricidad excesiva en el Timo: el magnetismo. Este *efecto biomagnético* en el timo se refleja al *polarizarse* hacia el espectro positivo por razón de la actividad infecciosa del VIH. Este efecto biomagnético de *polarización* es influenciado por un *magneto f*ísico de más de 1000 Gauss de potencia y su resultado puede ser medido cualitativa y cuantitativamente en las extremidades inferiores del individuo que reaccionan con un reflejo de acortamiento o alargamiento al colocar dicho magneto sobre el timo. (20)(21).

Veamos enseguida una secuencia de fotografías que ilustren la polarización del Timo. Fotos: 5, 6 y 7.

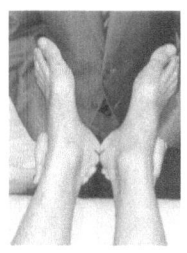 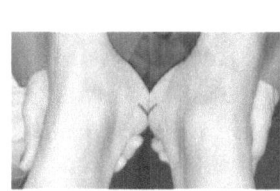 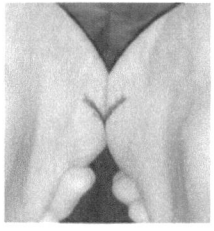

| Foto 5 a. | Foto: 5 b. (acercamiento) | Foto: 5 c. (acercamiento) |

Fotos 5a, 5b, 5c. *Foto de los pies de una persona con VIH sin colocar aun ningún magneto sobre su cuerpo. La segunda y tercer fotografía (b y c) son un acercamiento de la primera para apreciar el balance existente.*

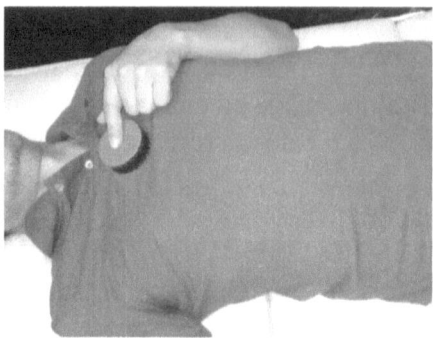

Foto 6. *Misma persona de la fotografía 5 con el virus del VIH colocándose el magneto SS1 con polaridad Norte hacia el Timo.*

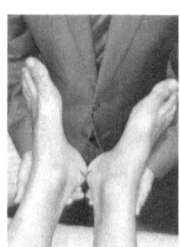
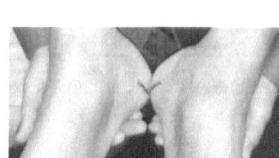
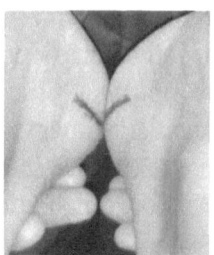

Foto 7 a.   Foto: 7 b. (acercamiento)   Foto 7 c. (acercamiento)

Futo 7ª, 7b, 7c. *Fotos de los pies de la misma persona de la fotografía 5 y 6, infectada con VIH y ya con el magneto Norte colocado sobre el Timo. Como se puede apreciar cualitativamente, existe un pequeño alargamiento de la pierna derecha de 4 a 5 mm. Cuantitativamente se pueden medir también cambios en la conducción y resistencias eléctricas. Las fotos b y c son acercamientos de la primera o 7 a.*

Hay que recordar que toda corriente eléctrica crea una corriente magnética y viceversa. Electricidad y magnetismo forman parte de una de las cuatro fuerzas físicas básicas del Universo: el electromagnetismo. Acerca del Timo como biogenerador; la fuente de energía o corriente b.e.m. podría tener su origen en el RNA del virus VIH-1 y su resonancia en los bio polímeros de los exiplexos del DNA humano (5,16).

D. Acumuladores físicos

Un **acumulador físico** es un dispositivo que *almacena energía eléctrica*, usando procedimientos electroquímicos y que posteriormente la devuelve casi en su totalidad; este ciclo puede repetirse por un determinado número de veces. Se trata de un **generador eléctrico secundario;** es decir, un generador que no puede funcionar sin que se le haya suministrado electricidad previamente, mediante lo que se denomina proceso de carga. (22)

Los acumuladores los podemos dividir en pilas (no recargables), baterías (recargables), condensadores (recargables).

E. Bio acumuladores

Un **bioacumulador** un sistema orgánico, una célula, un órgano o un tejido que *almacena energía eléctrica* debido a alguna actividad infecciosa o electroquímica, que posteriormente la devuelve casi en su totalidad a otro sistema, otra célula, órgano o tejido; este ciclo puede repetirse por un determinado número de veces. Se trata de un *biogenerador eléctrico secundario*; es decir, un biogenerador que no puede funcionar sin que se le hayan suministrado bio-electricidad previamente, mediante lo que se denomina proceso de carga. Este proceso de carga puede ser explicado por la actividad infecciosa de algún virus, bacteria, hongo o cualquier otro parasito, incluyendo venenos o tóxicos electroqimicos.

El timo, infectado con el VIH-1, funciona como un generador de electricidad y energía BEM, se satura de potencial b.e.m. positivo y cede electrones por influencia, fenómeno eléctrico (22 pág. 465 física) al tubo conductor más cercano e influenciable: el esófago, el cual por simple diferencia de potencial eléctrico transmite la carga b.e.m. al estomago, de ahí al intestino delgado y continua en el intestino grueso donde finalmente la deposita en el ámpula rectal o recto, formando el biogenerador recto con carga eléctrica o potencial b.e.m. negativo.

Al sistema energético BEM que inicia en el timo con la infección del VIH, fluye por el tubo digestivo, se almacena en él y le sirve además de resistencia bioeléctrica para terminar en el ámpula rectal le he denominado:

Bioacumulador timo-digestivo-recto o
Bioacumulador TDR.

Este Bioacumulador o **biogenerador eléctrico secundario** recibe su carga eléctrica de la infección viral por el VIH-1. Las **recargas eléctricas** del bioacumulador provienen de las reinfecciones del mismo VIH-1, la propia replicación y aumento de la cantidad del virus (carga viral), la ingesta de alimentos industrializados y tóxicos con pH ácido y el exceso de hidrogeniones con un pH ácido que se encuentran en la matrix del sistema o fluidos intersticiales.

No se descarta la posibilidad de que este fenómeno también suceda al revés, es decir que inicie en el recto y termine en el Timo, como es lógico pensar que pueda suceder así en pacientes homosexuales con SIDA.

F.   Resistencia eléctrica física y bio-resistencia

En física se le llama **resistencia eléctrica** a la mayor o menor oposición que tienen los electrones para desplazarse a través de un conductor. (26. Wikipedia). Aplicada esta definición a la biofísica y al cuerpo humano, particularmente hablando de los componentes del bioacumulador *timo-digestivo-recto* (TDR) donde el tubo digestivo es el *conductor* de la corriente BEM, también actuaría en forma de *bio-resistencia bio-eléctrica* puesto que su estructura biológica conformada por células, liquido intersticial y tejido conjuntivo conformarían una *oposición a los electrones que se mueven en el tubo conductor.* Ver fig. 8 en el capítulo VII.

Puesto que el tubo digestivo mide de cinco a seis metros en total y es el conductor de la corriente BEM generada por el VIH-1 en el Timo y asumiendo que al mismo tiempo actúa de bio resistencia eléctrica es lógico pensar que el tiempo de la saturación de la corriente BEM en el acumulador TDR debiera ser muy prolongado y eso explicaría biofísicamente el porqué el tiempo de incubación del virus VIH-1 y la aparición de los primeros síntomas del SIDA puede tardar desde unos meses hasta varios años.

Una vez saturado el tubo digestivo de la corriente BEM proveniente del timo, sus electrones empiezan a chocar entre sí generando calor y aumento de la temperatura (Efecto Joule) (27. Enciclopedia.us.com). Dicho aumento de temperatura depende de tres factores:

1. Intensidad de la corriente BEM.
2. Características de la bio resistencia
3. Tiempo de exposición a la corriente BEM.

Este calor generado por la saturación de la corriente BEM en el tubo digestivo puede ser la explicación biofísica del porque, muy frecuentemente, los primeros síntomas del SIDA por VIH-1 son digestivos, principalmente diarreas.

Este aumento de calor digestivo, aunado a la inmuno deficiencia, puede generar aumento del crecimiento de bacterias oportunistas con los consecuentes síntomas clásicos del SIDA.

Capítulo VI

Electroquímica y la bio-batería del SIDA.

A. Electroquímica y electrolisis

¿Cómo es posible que el Timo al ser infectado por el VIH-1 genere una corriente eléctrica o una diferencia de potencial eléctrico diferente al del resto del organismo? La respuesta puede estar en la *Bio-electroquímica*.

Electroquímica es una rama de la química que estudia la transformación entre la energía eléctrica y la energía química (28. EcuRed.cu). En otras palabras: electroquímica es parte de la química que trata de la relación entre las corrientes eléctricas y las reacciones químicas, y de la conversión de la energía química en eléctrica y viceversa.

La **Bio-electroquímica** seria la rama de la Biofísica y la Bioquímica que estudia la transformación de la energía bioeléctrica en energía bioquímica y viceversa. Las reacciones bioquímicas en el timo o en cualquier órgano producen energía BEM. y viceversa.

Históricamente, fue el médico y físico italiano Luigi Galvani (1734-1798) quien en 1780 descubre *la naturaleza eléctrica* de los **impulsos nerviosos** al pasar por accidente corriente eléctrica sobre una rana muerta y provocarle contracciones musculares. Gracias a sus descubrimientos y trabajos científicos sobre los efectos de la electricidad en animales, su amigo y colega el físico italiano Alessandro Volta (1745-1827) pudo desarrollar en 1800 la primer **pila voltaica** del mundo. (29. Wikipedia, historia de la electricidad).

Para fines de nuestro estudio, las reacciones bioquímicas se dan en la interface de un *bio-conductor eléctrico* (llamado **electrodo** en física, **bio-electrodo** en biofísica) que puede ser, un *semiconductor* como el *timo*, el *tubo digestivo o un nervio* y un *bio-conductor iónico* (**el electrolito** en física, **bio-electrolito** en biofísica) pudiendo ser una disolución, como la que existe en el *líquido intersticial* y en el *líquido peritoneal* y en algunos casos especiales, un sólido como el *tubo digestivo* o cualquier órgano del cuerpo humano.

Todos estos líquidos contienen electrolitos en forma de iones que fácilmente pueden ayudar a transmitir la corriente eléctrica de un punto A a un punto B.

El paso de una corriente eléctrica por una disolución de electrolitos produce un fenómeno llamado **electrolisis**. Esta es la reacción bioquímica que se produce por el efecto del paso de una corriente eléctrica. Las diarreas producidas por la saturación de la energía BEM en el tubo digestivo son causadas por tres razones a estudiar:

1. La inmunodeficiencia provocada por el VIH-1, que a su vez provoca infecciones oportunistas en el tubo digestivo, entre ellas la E. coli.
2. El calentamiento del semiconductor, bio-resistencia o tubo digestivo (efecto Joule).
3. La electrolisis (reacción bioquímica) que produce el paso de la corriente BEM con su consecuente pérdida o fuga de electrolitos.

Tan real puede ser el fenómeno de la electrolisis en las diarreas que lo primero que hay que reponer en el paciente son precisamente **electrolitos.**

B. Celdas Voltaicas, pilas, acumuladores y el bioacumulador TDR.

En electroquímica, a las reacciones químicas que producen electricidad se les llama **reacciones redox.** La electricidad se produce por la transferencia de electrones entre moléculas. Estas reacciones químicas son de oxidación o de reducción donde se ganan o ceden electrones. Las **celdas electroquímicas galvánicas o voltaicas** tienen dos electrodos: El Ánodo y el Cátodo. El ánodo se define como el electrodo en el que se lleva a cabo la oxidación y el cátodo donde se efectúa la reducción. La corriente eléctrica fluye del ánodo al cátodo por que existe una diferencia de potencial eléctrico entre ambos electrolitos. Esa corriente se puede medir con la ayuda de un voltímetro y en el caso de la bioelectricidad o energía BEM puede ser medida por un multímetro digital que tenga rango de mili voltios.

Las celdas voltaicas que liberan electricidad y no son recargables se les llaman **pilas.** Las celdas electroquímicas o voltaicas o galvánicas que acumulan energía eléctrica y son recargables se les llaman **acumuladores o baterías.**

En el **bioacumulador TDR**, *la corriente eléctrica se produce en el timo por reacción bioquímica de oxidación producida por el VIH-1 y la intoxicación alimentaria con alimentos industrializados que acidifican el pH y generan un exceso de iones de hidrogeno con carga eléctrica + (Ánodo).* La corriente generada fluye por inducción e influencia hacia el tubo digestivo gracias a la diferencia de potencial eléctrico que existe entre ambos órganos. Por la misma diferencia de potencial la corriente eléctrica fluye hasta el recto (Cátodo) donde se deposita y no pasa a otro órgano hasta que dicha corriente sature el tubo digestivo o resistencia del bioacumulador.

C. La bio-batería patológica del SIDA.

Las pilas son generadores eléctricos en el que la energía química se transforma en energía eléctrica (pilas hidroeléctricas). Las pilas hidroeléctricas pueden ser pilas primarias y secundarias o acumuladores (22, Pág. 459, física). Para los efectos del caso que estamos estudiando: un órgano (Timo) por un proceso infeccioso (VIH) genera un exceso de energía b.e.m. que físicamente se puede medir por medio de termómetros, mili voltímetros, gaussimetros, magnetómetros, etc., convirtiéndolo en *biogenerador* con carga *b.e.m.* positiva o Ánodo (Fig. 1a); esta energía b.e.m. la sede por influencia e inducción a otro órgano o estructura anatómica que funciona como conductor y resistencia (aparato digestivo en este caso) y la deposita en otro órgano o estructura anatómica que representa el *biogenerador* con carga b.e.m. negativa o Cátodo (Fig. 1b) y todo este sistema se convierte en una pila electro motriz o acumulador puesto que su energía es recargable. (Fig. 3).

Una vez saturado de corriente b.e.m. este *bioacumulador TDR,* pasa la energía b.e.m. hacia otros órganos provocando a su vez se conviertan en biogeneradores y bioacumuladores que, al seguir siendo alimentados y multiplicarse, luego formaran la batería bio patogénica del SIDA. (Fig. 5 a 5f).

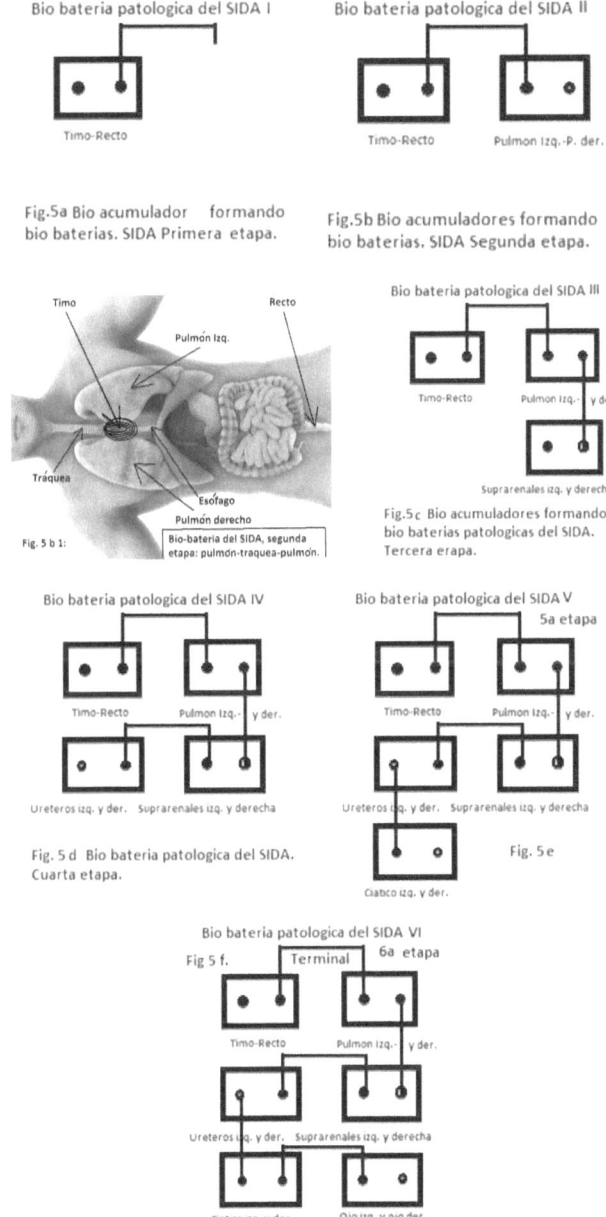

Bio bateria patologica del SIDA I

Timo-Recto

Fig.5a Bio acumulador   formando
bio baterias. SIDA Primera etapa.

Bio bateria patologica del SIDA II

Timo-Recto   Pulmon Izq.-P. der.

Fig.5b Bio acumuladores formando
bio baterias. SIDA Segunda etapa.

Timo   Recto
Pulmón Izq.
Tráquea
Esófago
Pulmón derecho
Fig. 5 b 1:   Bio-bateria del SIDA, segunda
etapa: pulmón-traquea-pulmón.

Bio bateria patologica del SIDA III

Timo-Recto   Pulmon Izq.- y der.

Suprarenales izq. y derecha
Fig.5c Bio acumuladores formando
bio baterias patologicas del SIDA.
Tercera erapa.

Bio bateria patologica del SIDA IV

Timo-Recto   Pulmon Izq.- y der.

Ureteros izq. y der.   Suprarenales izq. y derecha

Fig. 5 d Bio bateria patologica del SIDA.
Cuarta etapa.

Bio bateria patologica del SIDA V
5a etapa

Timo-Recto   Pulmon Izq.- y der.

Ureteros izq. y der.   Suprarenales izq. y derecha

Ciatico izq. y der.   Fig. 5 e

Bio bateria patologica del SIDA VI
Fig 5 f.   Terminal   6a etapa

Timo-Recto   Pulmon Izq.- y der.

Ureteros izq. y der.   Suprarenales izq. y derecha

Ciatico izq. y der.   Ojo izq. y ojo der.

Fig. 5 a-f: Formación de la bio-batería patológica del SIDA por VIH-1.
Un ejemplo común.

D. Etapas de la formación de la bio-batería patológica del SIDA

Terminado el proceso de formación del bioacumulador TDR y una vez saturado su capacidad de retención de electrones y corriente *b.e.m.* el exceso de electrones fluye de un conductor a otro conductor por influencia e inducción hasta formar de nuevo otro bioacumulador en otro órgano de cuerpo humano y así sucesivamente hasta formar la bio-batería patológica del SIDA por VIH-1.

Las etapas de la formación de la bio-batería patológica del SIDA las describo de este modo:

1ª Etapa: Formación del Primer *bioacumulador* TDR. (Fig. 3)

2ª Etapa: Saturación de su corriente *b.e.m.*

3ª Etapa: Flujo de corriente b.e.m. hacia otro conductor, fuera del primer bioacumulador. (Fig. 5.a).

4ª Etapa: Formación del Segundo bioacumulador (Fig. 5.b)

5ª Etapa: Saturación de su corriente *b.e.m.* del Segundo bioacumulador.

6ª Etapa: Flujo de corriente b.e.m. hacia otro conductor, fuera del segundo bioacumulador.

7ª Etapa: Formación del Tercer bioacumulador (Fig. 5.c).

8ª Etapa: Saturación de su corriente *b.e.m.*

9ª Etapa: Flujo de corriente b.e.m. hacia otro conductor, fuera del Tercer bioacumulador.

10ª Etapa: Formación del Cuarto bioacumulador (Fig. 5.d).

11ª Etapa: Saturación de su corriente *b.e.m.*

12ª Etapa: Flujo de corriente b.e.m. hacia otro conductor, fuera del Cuarto bioacumulador.

13ª Etapa: Formación del Quinto bioacumulador (Fig. 5.e).

14ª Etapa; Saturación de su corriente *b.e.m.*

15ª Etapa: Flujo de corriente b.e.m. hacia otro conductor, fuera del Quinto bioacumulador.

16ª Etapa: Formación del Sexto Bioacumulador (Fig. 5.f).

17ª Etapa: Saturación de su corriente *b.e.m.*

18ª, 19ª, 20ª ....y así sucesivamente hasta que llegue la despolarización de los electrodos y la destrucción de los bioacumuladores mediante el uso de magnetos de mediana intensidad promoviendo así la sanidad del paciente o, sin la corrección de las causas que provocan y promueven la formación de bioacumuladores y siguiendo la evolución natural de la enfermedad, ocurriría la muerte por VIH-1 como fuente primaria de la energía BEM nociva que generó los fenómenos ya mencionados.

E.   Sintomatología de la Biobatería del SIDA.

Para ejemplificar lo que podría pasar en el esquema representado por la figura 5.a-d, que puede corresponder a la Fase 3-4 de Walter Reed, daremos una breve explicación de los órganos polarizados en esta bio batería y sus posibles síntomas.

La sintomatología del SIDA en este esquema sería la siguiente de acuerdo a los hallazgos biofísicos y clínicos que hemos encontrado. (Figs. 5 a-d)

1.- Timo –recto: diarrea crónica con la consecuente pérdida de peso. Este síntoma puede ser explicado por el sobrecalentamiento de su resistencia y condensador eléctrico (el tubo digestivo) que al perder su entropía con el consecuente desequilibrio ácido básico permite así la pululación de bacterias que se encuentran en el tracto como la E. coli, causando las diarreas, nauseas y vómitos característicos de las primeras fases del SIDA. (Fig. 5a)

2.- Pulmón derecho – pulmón izquierdo: Tos productiva, fiebre, neumonía por preumocitis carnini. La sobresaturación de energía b.e.m. provoca la perdida de la entropía de la tráquea y los bronquios con su consecuente desequilibrio termodinámico y ácido básico favoreciendo el crecimiento y desarrollo de bacterias que forman parte de la flora pulmonar normal convirtiéndolas en oportunistas y provocando neumonías que solo se dan en pacientes inmuno deprimidos o inmuno suprimidos. (Fig. 5b)

3.- Suprarrenal derecha- Suprarrenal izquierda: Dolores osteo articulares. Este Bioacumulador lo encontramos por lo regular en pacientes con artritis esta podría ser explicada por la disminución en la producción de cortisona natural por parte de los órganos afectados. (Fig. 5c)

4.- Uretero-Uretero: Este bioacumulador o par bioelectromagnético provoca en el organismo diversas manifestaciones dermatológicas eruptivas por razones que aún desconocemos. (Fig. 5d)

Para ser mas esquemático presentaré la batería bio patológica de bioacumuladores de un paciente con SIDA en fase terminal, con diarrea y vómitos profusos y la pedida de 20 Kg. En los últimos 20 días y ceguera parcial de ambos ojos, por razones obvias el paciente sobrevivió solo 3 semanas. (Figs. 5.e, 5f.).

Fig. 5e y 5f: Biobatería patogénica de un paciente con sida en fase terminal.

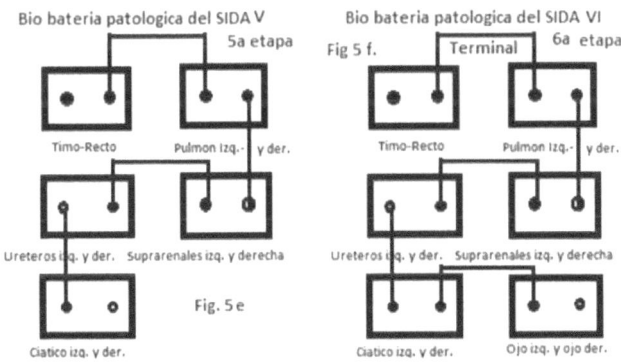

5.- Ciático izquierdo-ciático derecho: por razones desconocidas, el autor de este ensayo encontró manchas obscuras en la piel, diagnosticadas previamente como manchas de Kaposi (un cáncer de piel que es común en pacientes inmuno suprimidos).

6,- Ojo izquierdo-ojo derecho: los pacientes de SIDA en fases terminales que presentaron el par biomagnético ojo izquierdo y ojo derecho habían sido diagnosticados previamente con el virus del citomegalovirus ocular.

Capítulo VII

Teoría de la terapia biofísica de campos bio electro magnéticos (T.B.C. BEM). Primera parte:

A. Introducción a la teoría de la T.B.C. BEM.

La finalidad de la T.B.C.BEM, mejor conocida como Biomagnetismo Médico, es la de desactivar los fenómenos de biogenerador, bioacumulador y bio-batería provocado por el VIH-1, y para ello utilizamos otro generador físico de energía electromagnética.

*A un generador biofísico o biogenerador
le aplicamos la fuerza de un generador
físico: un imán o magneto.*

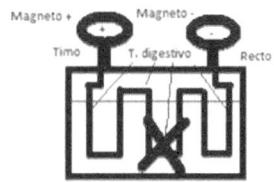

Fig. 6 Despolarizacion y Desactivacion
del Bioacumulador Timo-Digestivo-
Recto.

Fig.6: Despolarización del bioacumulador timo-digestivo-recto utilizando dos magnetos SS1.

Utilizamos un magneto de mediana intensidad, de entre 1000 a 10,000 gauss de potencia. Lo colocamos, al mismo tiempo, sobre el Ánodo y sobre el Cátodo del Bioacumulador, utilizando polaridades iguales a la del polo a tratar. Es decir, al polo sur del timo le aplicamos un magneto con polaridad Sur y al polo norte del recto le aplicamos un magneto con polaridad Norte. La ley de cargas electromagnéticas señala que polos opuestos se atraen y polos iguales se repelen. La idea de colocar polos similares en el ánodo y el cátodo del bioacumulador es la de repeler su carga BEM y **romper el circuito** que conforma, para luego así, *despolarizar* el timo y *despolarizar* el recto al mismo tiempo. De este modo neutralizamos sus cargas BEM y desactivamos el fenómeno de Biogenerador y Bioacumulador. Fig. 6.

La *terapia biofísica de campos bio electro magnéticos* es una técnica que consiste en la anulación de la corriente b.e.m. del bioacumulador Timo-Digestivo-Recto (TDR) utilizando 2 generadores físicos opuestos uno del otro, anulando el paso de corriente de un polo a otro al *sobrecargarlo de energía y provocarle un* **cortocircuito,** *inutilizando el bioacumulador creado por el virus del VIH1.*

En palabras del descubridor del par magnético del SIDA timo-recto, Dr. Goiz, esta técnica provoca la *despolarización del timo y del recto,* neutralizando sus cargas y restaurando la entropía o equilibrio energético de estos dos órganos (21).

A.1   Definiendo   los   términos   "Biomagnetismo   y electromagnetismo"

Entiendo el término "*Biomagnetismo médico*" como una posible nueva rama de la biofísica y/o de la medicina que describe las bases científicas de la energía bio electro magnética (energía BEM) del cuerpo humano y de cómo esta energía es influenciada mediante la aplicación de magnetos con fines médicos o terapéuticos.

La razón por la que utilizo el término *"bioelectromagnético"* al describir la terapia magnética y no el término "biomagnético" como se hace tradicionalmente, es precisamente porque el elemento faltante en el Biomagnetismo, que es *el término "electro" (de electricidad), es el eslabón perdido del Biomagnetismo Medico para describir lo que pasa entre el timo y el recto,* o eléctricamente hablando entre el ánodo y el cátodo del bioacumulador timo-digestivo-recto.

La electricidad, con todas sus propiedades (lumínicas, calóricas, químicas, fisiológicas y magnéticas), que corre entre el timo y el recto vía tubo digestivo y entre todos los pares magnéticos descubiertos por el Dr. Goiz, es la explicación clara y científica de la conexión entre un polo y otro del fenómeno conocido como par biomagnético. Así mismo, el fenómeno eléctrico de *cortocircuito* del bioacumulador timo-digestivo-recto es la explicación más lógica, clara y científica de lo que podría estar pasando al despolarizar el timo y el recto con magnetos físicos permanentes.

B. Los magnetos SS1

En el Biomagnetismo clásico de los Drs. Albert Roy Davis, Broeringmeyers y Goiz Duran se utilizaron magnetos tradicionales para obtener sus resultados ya descritos anteriormente. Estos magnetos tienen polaridades, un polo norte y un polo sur, arriba y abajo respectivamente. (17)(20)(21).

Durante los primeros 3 meses del Protocolo de investigación que realicé en el Departamento de Medicina

Preventiva e Inmunología de la Facultad de Medicina de la U.A.N.L. (1994), utilicé ese mismo modelo de magnetos y no observé ninguna negativización del PCR de los pacientes de SIDA por VIH-1. Curiosamente noté que por alguna razón desconocida muchos de los pacientes que eran despolarizados cada semana se repolarizaban nuevamente a la siguiente semana de sus Pares Biomagnéticos sin producirse cambios clínicos favorables.

Meditando profundamente en la posible razón, y pensando en la dualidad universal, donde nada es totalmente positivo o totalmente negativo y así como los hombres tienen pequeñas dosis de hormonas femeninas y las mujeres tienen pequeñas dosis de hormonas masculinas, llegué a la conclusión que el Timo polarizado positivamente debería de tener su carga contraria (negativa) aunque en pequeña proporción y esta mini carga negativa era la responsable de re polarizar de nuevo al Timo recreando de nuevo el fenómeno de bioacumulador y par biomagnético.

Foto 8: Par de magnetos SS1, bipolares, diseñados por el Dr. Silverio Javier Salinas Benavides para propósitos del Protocolo de Investigación, materia de esta obra.

Por esta razón diseñé un par de magnetos diferentes a los clásicos. Donde la superficie externa del magneto presenta un 80% de polaridad Norte y un 20% de polaridad Sur de un lado; y del otro lado su superficie muestra 80% de polaridad Sur y 20% de polaridad Norte. Fue así que el primer mes después del uso de este nuevo magneto de 6 mil gauss, al que bauticé como magneto SS1, logré el primer resultado de **negativización del PCR del VIH-1** y después de este sucedieron 16 negativizados más. Desde entonces solo utilicé estos magnetos para mis trabajos clínicos y de investigación y para aplicar la terapia biofísica de campos bio electro magnéticos.

C. Teoría de la T.B.C. BEM

La Figura 3 ha sido explicada anteriormente como el fenómeno de bioacumulador creado por la influencia del VIH-1 sobre el timo, el recto y el tubo digestivo como hilo conductor o condensador o resistencia b.e.m. de dicho bioacumulador. En la Figura 6 tratamos de explicar gráficamente lo que pudiera suceder al despolarizar el timo y el recto con dos generadores físicos magnéticos bipolares de 6 mil gauss colocados sobre el Timo y el Recto. Como ya lo dijimos anteriormente, en física, un generador puede ser directamente influenciado por otro generador (22). Los biogeneradores del timo y el recto son directamente influenciados por un generador físico y esto lo hemos podido medir en forma cuantitativa y directa como ya lo explicamos gráficamente en las secuencias fotográficas del 5 al 7.

Lo que pudiera suceder al someter al Timo y al Recto a la T.B.C. b.e.m. es un **cortocircuito en todo el bioacumulador TDR.** Para entender este fenómeno, describiremos lo que es un circuito eléctrico en física y su correlación con un bio circuito en biofísica. Luego veremos los fenómenos electrofísicos de carga y los de sobrecarga, los de cortocircuito y de cómo la TBC BEM pudiera destruir el bioacumulador y la batería bio-patológica del SIDA por VIH-1 negativizando así el PCR del VIH-1, reduciendo la carga viral a indetectable y negativizando inclusive el cultivo de medula ósea para el VIH.

1. Circuito y bio-circuitos eléctricos.

En física, un **circuito eléctrico** es la trayectoria cerrada por la cual puede fluir una corriente eléctrica. Generalmente se describe con una grafica como la de la Figura No. 7.

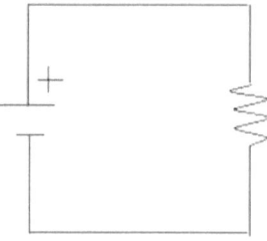

Fig. 7. Circuito Electrico

Fig. 7. Circuito Eléctrico. Física.

En biofísica, un bio-circuito eléctrico o circuito bio-electro-magnético (para fines prácticos le llamaremos **circuito BEM**) se constituye como la trayectoria cerrada por la cual puede fluir una corriente eléctrica o **corriente b.e.m.**

Aplicado a nuestra descripción del bio acumulador TDR el Circuito BEM se vería como esta descrito en la Fig. 8.

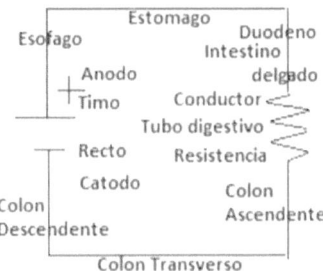

Fig. 8. Circuito BEM o bio-electrico

Fig. 8. Circuito BEM o bio-electro-magnético del Acumulador T.D.R.

La fuente de energía de este circuito es precisamente el VIH-1 y los alimentos industrializados ácidos, no naturales que ingiere el individuo. (Fig. 9).

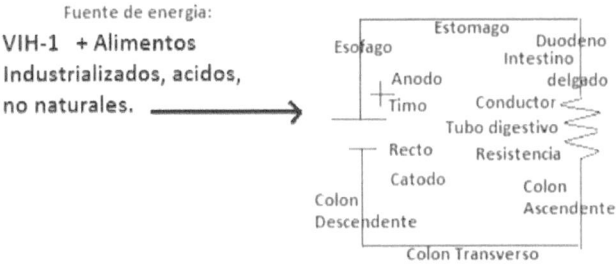

Fig. 9 Circuito BEM o bio-electrico
y su fuente de energia.

Fig. 9. Fuente de energía del Circuito B.E.M. / T.D.R.

Como ya explicamos en el capitulo anterior sobre la bio-batería patológica del SIDA, una vez saturado este circuito de energía BEM, el exceso de hidrogeniones con carga eléctrica + pasa a otros órganos adyacentes para seguir formando y acumulando energía y crear nuevos bio circuitos (bioacumuladores) que pasarán luego a ser una de las piezas de la bio batería patológica del SIDA. Fig. 10.

Las figuras 5 a-f del capítulo VI de Electroquímica explican muy gráficamente el cómo la corriente BEM pasa a otros órganos formando otros pares Biomagnéticos o bioacumuladores.

La figura 10 explica la fuente u origen de la energía BEM, y su flujo de entrada y salida de energía del biocircuito o bioacumulador TDR.

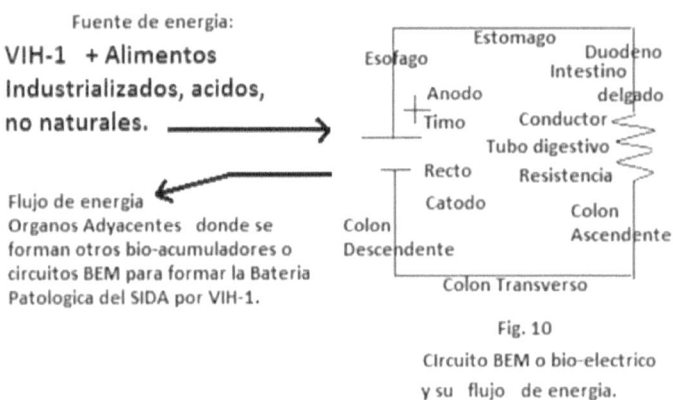

Fig. 10. Flujo de energía del Circuito B.E.M. / T.D.R.

Capítulo VIII

Teoría de la terapia biofísica de campos bio electro magnéticos (T.B.C. BEM). Segunda parte:

2. Definición del concepto de carga, sobrecarga y cortocircuito en física eléctrica.

El "World reference" ("referencia mundial" en español) define al cortocircuito como el fenómeno eléctrico que se produce accidentalmente por contacto entre los conductores y suele determinar una descarga (31. WorldReference.com).

Jhonatan Estupiñan, técnico electricista de Colombia, describe el concepto de cortocircuito en su blog mantenimiento eléctrico como sigue:

"Un cortocircuito es una conexión entre dos terminales de un elemento de un circuito eléctrico, lo que provoca una anulación parcial o total de la resistencia en el circuito, lo que conlleva a un aumento en la corriente que lo atraviesa. Una conexión de este tipo en una carga la desconectaría del circuito, causando que esta no sea atravesada por ninguna corriente y por consiguiente, no disipe ninguna potencia." (32. mantenimientoelectricojep.blogspot.com).

El diccionario virtual de MotorGiga.com define al cortocircuito como sigue:

"Paso por un conductor de una corriente de intensidad muy elevada (en teoría infinita) a causa de la disminución imprevista (en teoría anulación) de la impedancia Z de un circuito eléctrico. Esto sucede debido al contacto accidental, directamente o a través de conductores de resistencia despreciable, entre 2 puntos del circuito dotados de potenciales eléctricos distintos. Al paso de la corriente por un conductor siempre se asocia un calentamiento por efecto Joule; en el caso de corto circuito, la corriente posee una intensidad muy elevada, por lo cual el calentamiento puede llegar a fundir los propios conductores, dañando irremediablemente la instalación." (33. Motorgiga.com)

Este mismo diccionario virtual describe también lo que es *un aparato cargador de baterías* y del fenómeno de recarga del siguiente modo:

"Aparato que sirve para recargar una batería descargada haciendo circular una corriente continua, de tensión ligeramente superior a la de la misma batería, en sentido opuesto al de la corriente de descarga."

"Conectando el polo positivo del cargador de baterías con el positivo de la batería, el negativo con el negativo y el primario del transformador con la red, la batería está a punto de ser cargada."

"Para conseguir una carga completa hay que limitar la intensidad de corriente; una carga excesivamente rápida provoca una elevación de temperatura de las placas, que pueden curvarse." (34. MotorGiga.com).

Al curvarse las placas se tocan unas con otras provocando el cortocircuito y por lo tanto destruye el circuito anulando la batería (nota del autor).

"Dado que la duración de la carga no debe ser excesiva, hay que controlar tanto el tiempo como la intensidad de la corriente y el peso específico de la solución electrolítica…" (34.MotorGiga.com).

Novarsa.com.ar define la Sobrecarga de una batería de automóvil así:

"La sobrecarga es el efecto causado por el pasaje de una corriente alta, durante un largo período de tiempo, por la batería. Este largo período puede ser continuo o intermitente".

"Las reacciones químicas tienen una velocidad propia. Al aumentar la corriente de carga en una batería, estamos aumentando la velocidad de la reacción de carga. Al superar la velocidad propia de la reacción, la energía excedente es transformada en calor."

"La temperatura elevada lleva a los elementos químicos, que constituyen la masa activa (elementos que forman parte de la reacción de carga y descarga) a quemarse……….resultando en la destrucción de la batería." (35.Centro de Baterías, Novar. S.A.)

Por último, encontramos en google books sobre baterías, sobrecarga y cortocircuito lo siguiente:

Pag. 4-168, Sección 192: "Por sobrecarga, debe de entenderse la carga de una batería a intensidad normal durante un periodo de tiempo superior a los especificados a los tiempos normales de Carga". (36. Books.google.com).

Explica como el tiempo normal de carga de un acumulador de coche puede variar de 8 a 15 horas y que un tiempo superior a este puede provocar una sobrecarga. Normalmente las baterías de auto débiles se les recargan en un tiempo que va de las 2 a las 6 horas. Todo mecánico eléctrico sabe que en la práctica si se sobrepasa de carga puede provocar un cortocircuito y quemar las celdas de la batería anulando su potencial y su función. El calor o efecto Joule que provoca el exceso de corriente eléctrica, funde las laminas de las celdas, las dobla y al hacer contacto una con la otra los electrodos positivos al tocar los negativos se genera un cortocircuito que anula el potencial eléctrico de la batería.

Entendiendo como, en física eléctrica, un acumulador de coche (o cualquier otro circuito eléctrico) se "quema" o se destruye anulando su potencial eléctrico al sobrecargarlo de corriente es que podemos también entender como el circuito BEM o bioacumulador TDR puede ser "quemado" o destruido mediante una sobrecarga de su energía BEM mediante un par magnetos permanentes.

3. El efecto de sobrecarga y cortocircuito de la T.B.C. B.E.M. en pacientes con SIDA por VIH-1.

La Terapia Biofísica de Campos bioelectromagnéticos (Campos BEM) en pacientes con SIDA por VIH-1 consiste en la aplicación de un magneto bipolar SS1 con carga predominante positiva en el polo positivo (ánodo) del bioacumulador TDR, regularmente en el área del Timo (aunque pudiera ser en el recto si este estuviera polarizado positivamente) y otro magneto con carga predominante negativa en el polo negativo (cátodo) del mismo bioacumulador TDR, regularmente en el área del Recto, (aunque pudiera ser en el timo si este estuviera polarizado negativamente)..

La energía magnética del imán, al ser asimilada por el Timo se convierte en energía B.E.M., puesto que una entidad biológica (cuerpo humano) viviente la recibe y la asimila. Al utilizar un magneto de mil gauss (igual puede funcionar con magnetos de mil a 12 mil gauss), la altísima cantidad de energía del magneto, comparada con la del Timo, produce una *sobrecarga* de Corriente BEM en el Timo y lo mismo sucede con el Recto al ser aplicado otro magneto de la misma intensidad y de su misma polaridad.

Ambos polos del bioacumulador TDR son sobrecargados de abundante energía B.E.M. y solo es cuestión de tiempo para que dicha energía pase por inducción e influencia de los polos al conductor y resistencia del bio acumulador TDR. En un momento dado, aproximadamente de entre 10 a 20 minutos, ambas Corrientes BEM positiva y negativa se encuentran en algún punto del tubo digestivo; al chocar la corriente BEM positiva con la negativa se produce el efecto de cortocircuito, anulando la resistencia y dejando pasar la corriente B.E.M. en toda su extensión.

Este cortocircuito anula el potencial bio-electro-magnético (Potencial BEM) del bioacumulador TDR y sus consecuentes efectos bioquímicos, biológicos, fisiológicos, sintomáticos, clínicos y antigénicos del SIDA por VIH-1.

En teoría, es posible que el VIH-1 no resista la sobrecarga de energía física BEM y la que se libera al crearse el cortocircuito, en el momento mismo del cortocircuito, cuando queda anulada la resistencia y el flujo de corriente BEM es directa. Dicha descarga de electricidad y magnetismo probablemente no es tolerada por el VIH-1 y **mueren en el instante una buena cantidad de estos virus** que tenían colonizado al Timo que les funcionaba como órgano huésped u órgano de incubación. Podría decirse que los virus se electrocutan y mueren sin que las células humanas sufran daño alguno? No lo sé, habrá que estudiar y experimentar aún más.

En teoría, también es posible que la cantidad de energía BEM que se libera al crearse el corto circuito en una de sus modalidades, la calorífica, exceda la capacidad de tolerancia del VIH1 y éste no resista el exceso de calor y muera o se destruya al instante mismo del corto circuito.

El Timo es el órgano donde maduran las células de defensa del cuerpo humano. Al ser colonizado por el VIH-1, éste utiliza la capacidad de replicación del DNA del linfocito para usarlo de maquinaria maquiladora y replicar su propio RNA provocando que la célula de defensa trabaje como la incubadora de virus del VIH o virus del SIDA para luego liberar los nuevos virus al torrente sanguíneo al destruirse el linfocito cuando ya está totalmente infectado.

Al destruirse el linfocito, las defensas inmunológicas disminuyen, provocando una inmunodeficiencia con sus consecuentes infecciones de entidades oportunistas como la cándida, el pneumositis carnini, el citmegalovirus entre muchas otras entidades biológicas (virus, bacterias, hongos y parásitos).

El cortocircuito que produce la sobrecarga de la terapia con magnetos destruye el bioacumulador TDR, anulando su corriente BEM en forma permanente. Esta corriente y este bioacumulador TDR no se restaura a menos que sucedan dos cosas:

1. La *reinfección* por contacto con el virus VIH-1.

2. Si quedó alguna huella del virus, por el *exceso alimentos industrializados en la dieta,* que son la fuente misma de la energía BEM con carga eléctrica positiva (y un pH ácido) del bioacumulador TDR.

Así que toda persona con VIH que este en protocolo biomagnético de restauración, debe de procurar dos cosas: No reinfectarse del virus (ya sea por contacto sexual, sangre, leche materna) y no alimentarse con la lista de alimentos industrializados que el autor menciona en su libro Limpiar, Nutrir Reparar (37). En cambio, debe de procurar llevar un estilo de vida sin exponerse al virus y una alimentación sana y nutritiva (de preferencia naturista)

Al desaparecer la corriente b.e.m. que se mueve de timo a recto desaparece el fenómeno de biogenerador de ambos y en consecuencia el fenómeno de bio acumulador ya que el tubo digestivo no tendrá ninguna corriente b.e.m. que acumular ni tolerar.

En la experiencia del autor, los síntomas del SIDA van desapareciendo lentamente conforme el paciente va también desapareciendo sus bioacumuladores o pares biomagnéticos de su cuerpo.

Resumiendo lo que pasa al despolarizar el timo y el recto y desactivar el bioacumulador timo-digestivo-recto. Comparándolo con fenómenos físicos, es como si a una batería de automóvil en buen estado se le aplicara carga eléctrica correctamente, colocando el polo positivo con el positivo y el negativo con el negativo. Llega un momento en que la batería se satura de dicha carga y si no se le retira la nueva carga, entonces la batería se quema en su circuito interior y se anula el acumulador dejándolo sin capacidad de acumular ni liberar corriente eléctrica.

Lo mismo pasa con el Timo y el Recto, reciben una sobrecarga que se acumula en su resistencia que es el tubo digestivo que provoca se corte el circuito y se desactiva o destruye el fenómeno de bioacumulador desactivando o destruyendo el virus VIH al mismo tiempo dando como consecuencia la negativización del virus del SIDA.

4.   Negativización del VIH-1 por la T.B.C. BEM.

Una vez anulado el fenómeno de bioacumulador Timo-Digestivo-Recto se Negativiza el R.C.P. (*reacción en cadena de la polimerasa*) para VIH-1 en un lapso que varía de 3 a 9 meses tal y como fue demostrado mediante protocolo de investigación científica llevado a cabo en la Facultad de Medicina de la Universidad Autónoma de Nuevo León, en Monterrey N.L. México en 1994. (25. Memorias del XII encuentro de Investigación Biomédica). Al siguiente año, 1995, logramos determinar la negativización del cultivo de VIH en células del a medula ósea de dos de los pacientes inscritos al protocolo (36). Y poco después en 1996, comprobamos la negativización de la carga viral sanguínea en algunos de los pacientes del protocolo. (36, Sobrevivientes del SIDA, Dr. Jorge Galván.)

De alguna manera, el VIH-1 vive y se reproduce gracias al efecto de bioacumulador que el mismo virus creó y que su huésped alimentó con su inadecuada dieta de alimentos industrializados y ácidos o bien por su mala nutrición. Estos alimentos proveen y producen un exceso de hidrogeniones (iones de hidrogeno) con carga eléctrica positiva y pH ácido que son el caldo de cultivo propicio para la replicación y reproducción del VIH-1, del mismo modo que lo son para las células cancerosas.

Las características propias del huésped son más importantes que las del agente patógeno. Si el huésped no se alimentase de alimentos industrializados, no naturales, y solo comiera los alimentos naturales, alcalinos que provienen de la tierra, entonces el virus no podría sobrevivir en un ambiente alcalino, no se replicaría en absoluto y el paciente seropositivo podría vivir el resto de su vida siendo VIH positivo pero asintomático, sin desarrollar nunca el SIDA. Cuestión de elección personal y amor propio es tomar esta decisión una vez que se adquiere la información.

Si el huésped sigue alimentando al VIH o bien se sigue reinfectándose con mas virus, la energía BEM del bioacumulador TDR pasa su carga a otros órganos y forma la batería Biopatológica del SIDA (ver Figs. 5a-f). Cuando aparece el SIDA, los bioacumuladores formados se convierten en una bio-batería patogénica que, en cierta forma, y alimentado por la dieta de alimentos ácidos e industrializados, le da mayor energía al virus, se replica a mayor velocidad e invade mas linfocitos, destruyéndolos; situación que se traduce en la caída de las CD4, y aumento de virulencia y patogenicidad. Ya sin freno, otros virus, bacterias, hongos y parásitos infectan con mayor facilidad al huésped, que por ignorancia los sigue alimentando. Al descender el numero de CD4 a niveles bajo de lo normal, el paciente experimenta infecciones típicas de pacientes inmuno suprimidos, presentando los clásicos síntomas del SIDA.

Al desactivar el Bioacumulador Timo-Digestivo-Recto y la batería de Bioacumuladores que lo acompañan, el

VIH-1 queda sin el sustento bioenergético que lo mantenía activo y con señales de vida. El por qué el R.C.P. (Reacción en Cadena de la Polimerasa) se negativiza en dicho periodo de 3 a 9 meses pudiera explicarse porque este periodo de tiempo es el lapso de vida de un linfocito CD4. Al desactivarle su bioacumulador, su fuente de energía o centro de operaciones, el VIH-1 (o lo que queda de él) sigue circulando en la sangre periférica dentro de los CD4 pero ya inactivos, sin virulencia. Lógicamente esto da una R,C.P, positiva aunque hayan desparecido los síntomas de la infección. Al morir el CD4 con su VIH inactivo dentro de él, los detritos celulares, incluyendo los virus muertos son fagocitados y destruidos por otras células de defensa y eliminados por las vías naturales.

Cuando esto sucede, el examen antigénico del R.C.P. para el VIH-1 muestra resultados negativos y la Carga Viral resulta "indetectable" (36. Sobrevivientes del SIDA. Dr. Jorge Galván).

Si en ese lapso de tiempo (de 3 a 9 meses) el organismo no vuelve a recibir otra reinfección de VIH-1 el R.C.P. se negativiza y las CD4 y los linfocitos totales se elevan significativamente. Pero si en ese lapso vuelve a producir el fenómeno de bioacumulador Timo-Digestivo-Recto por exposición al virus (reinfección), la evolución natural de la enfermedad continua su curso. Estos pacientes al continuar reinfectándose les puede avanzar el síndrome a fases avanzadas y dar un falso negativo al R.C.P. al caer las CD4 por un nivel inferior al de 300 células (este fenómeno lo observamos en 4 pacientes del protocolo).

Todos estos datos obtenidos mediante el protocolo de investigación **"Evaluación de los efectos clínicos, inmunológicos y antigénicos de la terapia Biofísica en**

pacientes con SIDA por VIH-1". (ver siguiente capítulo) nos hacen pensar que la T.B.C. BEM actúa a nivel de la replicación del VIH-1 protegiendo, de una manera no estudiada aún, al linfocito CD4 de nueva generación de la infección o penetración virulenta de VHI-1.

Esta debe ser la razón principal por lo que aún después de que el *bioacumulador timo-digestivo-recto* es desactivado en las primeras 4 semanas de tratamiento con T.B.C.BEM. el P.C.R. del paciente sigue positivo por 3 o 9 meses después. Solo hasta que mueran las antiguas células CD4 previamente infectadas antes de la T.B.C. BEM podrá entonces negativizarse el P.C.R. para el VIH-1 y muy probablemente el co-cultivo de células de Medula Ósea para el VIH, como quedó demostrado luego en otros estudios. (36. "Sobrevivientes del SIDA" Galván).

Capítulo IX

Resultados del protocolo de investigación (1994)

"Evaluación de los Efectos Clínicos, Inmunológicos y Antihigiénicos de la *terapia biofísica* en pacientes con SIDA por VIH-1" (1993-1994) (25).

Autores: Dr. Silverio J. Salinas, Dr. Mario C. Salinas*, Dr. Francisco González**. Fundación Izcalli de Biofísica para la investigación del SIDA y otras enfermedades A,C., Facultad Medicina, Universidad Autónoma de Nuevo León, Departamentos de Inmunología y Medicina Preventiva respectivamente.

---

*   El Dr. Mario Cesar Salinas Carmona es Doctor en ciencias con especialidad en inmunología y es el Jefe del Departamento de Inmunología de la Facultad de Medicina de la U.A.N.L. y Jefe de Investigación de la misma Universidad en Monterrey, N.L. México.
** El Dr. Francisco González Rodríguez fungió como Jefe del Departamento de Medicina Preventiva de la Facultad de Medicina de la U.A.N.L. desde 1976 al 2004. Actualmente es Maestro Decano de Medicina Preventiva en la misma Institución.

A. Resultados de la terapia biofísica de campos bio-electro-magnéticos (T.B.C. BEM)

Total de pacientes inscritos al protocolo 56.
Duración del protocolo: 12 meses.
Criterio de inclusión clínica: Walter Reed 0-3.

Cumplieron con requisitos de Criterio de inclusión: 30.
del resto: 17 desertaron (30.35%) 9 fallecieron(16,07%).

Estos 9 pacientes se encontraban al inicio de la terapia biofísica en fase Walter Reed de 4 a 6, es decir en fase avanzada del SIDA con cambios degenerativos e infecciones oportunistas muy serias e importantes. Sin embargo, bajo las bases de la compasión se aceptó su integración al estudio, aunque excluidos del protocolo.

A.1. Resultados *antigénicos* (virológicos).

De los 30 pacientes que cumplieron con los criterios de inclusión y no desertaron.

Resultados de R.C.P. de 30 pacientes en protocolo. (Ver Tabla 1)

Tabla 1. Resultado del R.C.P.* antes y
después de la T.B.C.B.E.M

R.C.P.	Antes		Despues	
	# Pacientes	%	# Pacientes	%
Positivos	23	76.67%	4	13.33%
Negativos desde el inicio	5	16.67%		
Negativizados			19	82.60%
Resultados no concluyentes	1	3.33%	1	
No se efectuó el R.C.P.	1	3.33%		
Mortalidad			2	6.66%
TOTALES	30	100.00%	23	76.67%

Se *negativizaron* 19 pacientes de 23 positivos nos
da un 82.60% que previamente estuvieron positivos y
solo 4 pacientes se mantuvieron positivos durante todo
el año que duró la investigación. De los 5 negativos
desde el inicio, 1 paciente recibió T.B.C.M. desde un año
antes y se encontraba asintomático desde entonces. Así
permaneció durante todo el protocolo. Los cuatro restantes
manifestaron un perfil celular CD4 inmuno deprimido
con cifras menores a los 300. Dos pacientes (8.69%) se
reinfectaron después de ser negativizados, vía sexual,
admitiéndolo ellos mismos.

Tiempos de Negativización del VIH-1 mediante la
Terapia Biofísica de campos BEM: Ver tabla 2.

---

*   R.C.P.= Reacción en Cadena de la Polimerasa o P.C.R. siglas
en ingles.

Tabla 2. Tiempo de Negativización del
R.C.P. de los 19 pacientes.

	#	% 19 pacientes
1er. Trimestre	3	15.78%
2do. Trimestre	4	21.06%
3er. Trimestre	12	63.16%
TOTAL	19	100.00%

De los pacientes negativizados, al final del protocolo, dos se encuentran inmuno deprimidos por lo que podrían ser *falsos negativos* (8.33%) esto nos deja 17 *pacientes VIH-1 negativizados sanos clínica e inmunológicamente* hablando con un *porcentaje total de efectividad de la Terapia Biofísica de campos BEM de un 70%.* Del grupo de 30 le restamos 5 pacientes negativos desde el inicio más un resultado no concluyente y un paciente mas que no se realizó el R.C.P. nos deja solo con 23 positivos dignos de estudio de los cuales se negativizaron los 17 mencionados.

A2. Resultados *inmunológicos* de la T.B.C.BEM.

Veamos ahora la Tabla 3 con los resultados inmunológicos de la T.B.C. BEM.

Tabla 3. Relación CD4/CD8 antes y
después de la T.B.C.BEM.

	Antes		Después	
	#	%	#	%
Relación menor de 0.9%	9	30%	4	13.33%
Relación de 1 – 1.5	10	33.33%	11	36.67%
Relación de 1.6 – 2.0	5	16.67%	3	10.00%
Relación de 2.1 – 4	0	0	5	16.67%

No se efectuó examen	6	20.00%	7	23.33%
TOTAL	30	100.00%	30	100.00%

Aumentaron su relación CD4/CD8 después del tratamiento biomagnético 13 pacientes, lo que representa un 43.33% global, de los 30 pacientes en estudio; considerando que 6 pacientes no se realizaron los exámenes nos quedan 24 pacientes los que representan un *54% de aumento real de la relación CD4/CD8*.

A.3. Resultados **clínicos** de la terapia biofísica de campos BEM en pacientes con VIH-1.

Clasificación de Karnofski (Valoración Clínica)
(sobre la base de 1900 puntos)

Antes: 1520=   80%
Después: 1750=   92%   Aumentó: 12%

Clínicamente hablando, el grupo en protocolo aumento sus niveles de bienestar físicos en general, mejorando su calidad de vida. La mayoría de los pacientes negativizados pasaron de ser sintomáticos, con manifestaciones muy claras del SIDA, a ser asintomáticos. Es decir, los síntomas clásicos del SIDA como las diarreas e infecciones oportunistas desaparecieron en un tiempo variable de entre cuatro semanas a cuatro a seis meses.

A.4. Publicación: los resultados del protocolo de investigación:

"Evaluación de los Efectos Clínicos, Inmunológicos
y Antihigiénicos de la terapia biofísica en
pacientes con SIDA por VIH-1"(25)

Estos resultados fueron presentados por el Dr. Silverio Javier Salinas Benavides en la Facultad de Medicina el viernes 28 de Octubre de 1994 y publicado en las memorias del XII Encuentro de Investigación Biomédica de la Facultad de Medicina Universidad Autónoma de Nuevo León (24 oct. 1994).

Como comentario, ésta ha sido la primera y única publicación de un trabajo científico avalado por una prestigiosa Universidad que el autor ha realizado. Se trata de haber demostrado la posible curación del SIDA y las implicaciones mundiales que esto pudiera tener. Cabe mencionar, que el autor trato de seguir investigando y desafortunadamente fue perseguido (36), razón por la cual se dedico a ayudar a resolver otras enfermedades como el cáncer, la diabetes, el lupus, la leucemia, la alta presión, etc. y abandonó por casi 20 años todo trabajo de investigación sobre el SIDA.

El conocimiento adquirido durante la investigación del SIDA le sirvió al autor de base científica para desarrollar técnicas, inventos y procedimientos que ayudan a solucionar los demás problemas de salud. Para más detalles acerca de sus trabajos de sanidad naturista y holístico ver sus dos obras más recientes:

1. Limpiar, Nutrir, Reparar: adiós a las enfermedades en dos pasos naturales. Salinas S. Palibrio 2013.

2. Adiós al Dolor. S. Salinas. Tercera edición. Palibrio. 2014.

Recientemente, el 7 de Noviembre del 2014, en la ciudad de Querétaro México, el Dr. Silverio Salinas presentó en el Congreso Internacional Medico Científico "Cumbre de la Salud" su trabajo de investigación: "Medicina Etiopática ©, un nuevo paradigma en medicina.

Veinticinco años de investigación", donde expone todos los sistemas y métodos desarrollados a lo largo de 25 años. Dicha exposición le ganó el premio al mejor trabajo de investigación otorgado por la Asociación Mundial para la Excelencia en la Salud con sede en Lima Perú.

Capítulo X

Conclusiones del protocolo de investigación (1994-2014).

Observando los resultados del Protocolo de Investigación *"Evaluación de los efectos Clínicos Inmunológicos y antihigiénicos de la terapia biofísica en pacientes con S.I.D.A. por VIH-1"* para 1997, tiempo en que se trato de publicar este ensayo científico por primera vez, el autor llegó a estas conclusiones:

A. Acerca de la terapia biofísica de campos bioelectromagnéticos (1997):

1.- Mejora el estado clínico y la calidad de vida del paciente con VIH-1, en fases 0-3 de Walter Reed.

2.- Mejora la inmunidad del paciente VIH-1 al aumentar la relación CD4-CD8 y aumentar el conteo de células CD4 en un 54%.

3.- Negativiza el P.C.R. (reacción en cadena de la polimerasa) en un 70% de los pacientes VIH-1 previamente positivos en estadios de Walter Reed de 0 a 3.

4.- En un par de pacientes que pudieron realizarse el examen de Elisa cuantitativo se logró observar la disminución de anticuerpos anti-VIH-1 en más de 75% en el transcurso de la investigación.

5.- A casi 3 años de distancia de haber iniciado la investigación el 85% de los pacientes negativizados (P.C.R.) estaban vivos y aparentemente sanos la mayoría de ellos. A diferencia del grupo desertor del protocolo quienes habían fallecido más del 80%.

6.- *El cuerpo humano es un cuerpo bio electro magnético* y se rige también por las leyes de la física, la biofísica, la electricidad y el magnetismo.

7.- Las infecciones virales como la del VIH-1 producen fenómenos bio electro magnéticos que son totalmente medibles por aparatos físicos electromagnéticos.

8.- La T.B.C.BEM. inhibe la replicación del VIH-1.

B. La posible solución al problema del SIDA mediante la T.B.C.BEM.

En 1995, para demostrar que la T.B.C.BEM. era la solución al problema de S.I.D.A. por VIH-1, al menos es sus estadíos tempranos e intermedios, el Dpto. de Inmunológica de la Fac. de Medicina de la U.A.N.L. me solicitó llevar a cabo los nuevos experimentos en algunos de los pacientes ya negativizados en su PCR:

1.- La negativización del cultivo de las células de la medula ósea para VIH-1.

2.- La negativización in vitro del P.C.R. para el VIH-1.

El primer objetivo se logró en 1995 (Ver Galván, Sobrevivientes del Sida)(36).

El segundo objetivo no se cumplió por falta de recursos técnicos y económicos.

C. Parámetros para demostrar la posible curación de SIDA.

En 1993, para demostrar científicamente la *curabilidad* del S.I.D.A. mediante la T.B.C.BEM. el autor se fijo la meta de obtener con éxito 5 parámetros principales:

1.- Disminución significativa de la tasa de mortalidad por S.I.D.A.

2.- Mejoría clínica notoria y aumento en calidad de vida del paciente con S.I.D.A.

3.- Aumento significativo y considerable de las células de inmunidad (CD4) y la Relación CD47CD8.

4.- Negativización del R.C.P. (P.C.R.) o examen genético viral de VIH-1.

5.- Negativización del co-cultivo de células de la medula ósea para el VIH-1.

6. Negativización de la Carga Viral para el VIH-1.

Los primeros cuatro objetivos fueron cumplidos cabalmente durante el protocolo de investigación "Evaluación de los efectos Clínicos Inmunológicos y antihigiénicos de la *terapia biofísica* en pacientes con

S.I.D.A. por VIH-1" como ya lo hemos mencionado en el capítulo anterior. Los resultados parciales fueron publicados en la Facultad de Medicina de la Universidad Autónoma de Nuevo León en Monterrey, México. (25. Salinas) en el XII Encuentro de Investigación Biomédica.

El quinto objetivo (negativización de co-cultivo para el VIH-1) se logró en 1995 con varios de los pacientes ya negativizados del protocolo (36). Participó en la realización del co-cultivo la Fundación South West para la Investigación Biomédica en la Cd. de San Antonio TX E.U.A. (ver las evidencias en Galván, Sobrevivientes del SIDA) (36).

El sexto objetivo se logró en 1996. Los exámenes fueron realizados por el laboratorio CENETRON de la ciudad de Austin Texas, EUA. Las evidencias de estos resultados se publicaron en un libro testimonial del Líder del grupo que participo en el protocolo, el Dr. Jorge Galván en su libro Sobrevivientes del SIDA. (36).

Existen otros parámetros colaterales, por ejemplo: la disminución de los anticuerpos de ELISA para el VIH-1 en forma cuantitativamente considerable. Mas la negativización del P.C.R. para el VIH-1 "IN-VITRO" mediante la T.B.C.BEM. Estos parámetros deben observarse en una muestra significativa de pacientes (10% de población infectada en una región), y prospectivamente por un tiempo razonable (de 3 a 5 años) para que tengan la validez científica, estadística y epidemiológicamente hablando. Hasta este día, no se han logrado.

D. Conclusiones a 20 años de distancia.

En el año 1996, el autor registra en México sus derechos de autor de la obra "Ensayo científico sobre SIDA y terapia biofísica de campos bioelectromagnéticos" La Secretaría de Gobernación en su oficina de Derechos de autor le asignó el No. de registro: 103834 y No. de control: 99927/1996/3. Dicha obra fue registrada como un trabajo de investigación de la organización no gubernamental denominada Fundación Izcalli de Biofísica para la Investigación del SIDA y otras enfermedades Asociación Civil (F.I.B.I.S.O.E. A.C.) de la cual el autor fungió como Presidente Fundador.

Ese ensayo científico fue registrado, mas nunca publicado por el autor debido a la persecución gubernamental que sufrió en esa época. En febrero y marzo del año 1995 el autor escribió esa obra y lo hizo con el fin de explicar científicamente la razón por la que un par de magnetos son capaces de negativizar el virus del SIDA. Este ensayo científico queda publicado en su totalidad en esta obra. Inicialmente solo iba a presentar el ensayo como originalmente lo escribí en el 95, sin embargo, para mayor comprensión del fenómeno del par magnético timo-recto y del bioacumulador timo-digestivo-recto decidí profundizar de tal modo que no queden muchas dudas sobre la base científica de este trabajo que demuestra cómo es posible que un par de magnetos puedan negativizar el virus del SIDA en su PCR, cultivo y carga viral.

Para el año 2013 y 2014, es cuando el autor revisa ese ensayo científico para su publicación y lo mejora significativamente, haciéndola más clara y precisa acerca de los fenómenos físicos y biofísicos que pasan al interior del Par Biomagnético Timo Recto. Con esa visión más clara, le agrega gráficos que hagan más explícita su teoría sobre el bioacumulador timo-digestivo-recto, el *autor revela en esta obra su aportación científica a las ciencias biomédicas y biofísicas.*

E. Conclusiones biofísicas

Las conclusiones más importantes descritas en esta obra acerca del porqué la terapia biofísica de campos magnéticos negativiza el virus del SIDA y como un par de magnetos pudieran cambiar la historia del SIDA y del resto de las infecciones que aquejan a la humanidad, son:

1) Que las infecciones virales, bacterianas, fúngicas y parasitarias producen en el organismo fenómenos electromagnéticos de generación de energía BEM (*biogeneradores de energía bioelectromagnética*) en células, órganos y tejidos del cuerpo.

2) Que esta energía BEM es transmitida del órgano biogenerador hacia otros órganos mediante el sistema nervioso, circulatorio o de cualquier sistema que funcione como hilo conductor (*bioelectrodos*).

3) Que los hilos conductores de esta energía BEM (nervios, vasos sanguíneos, músculos, etc., funcionan eléctricamente como resistencias *(bio-resistencias)* y como condensadores de energía BEM *(bio-condensadores)*.

4) Que el órgano infectado por un virus al convertirse en un biogenerador BEM adquiere carga electromagnética *positiva* (polo Sur) con características y comportamiento de Ánodo, *acidificando su pH.*

5) Que este biogenerador positivo transmite su energía BEM por inducción e influencia hacia hilos conductores cercanos que funcionan como bioelectrodos y a su vez depositan dicha energía

BEM en otro órgano que se comportará también como biogenerador BEM adquiriendo carga electromagnética *negativa* (polo Norte) con características y comportamiento de **Cátodo**, *alcalinizando su pH.*

6) Que una vez formados estos dos biogeneradores positivo y negativo le sigue otro fenómeno que es la *acumulación de energía BEM* y a todo este sistema energético de acumulación que ocurre entre estos dos órganos el autor le llama *bioacumulador.*

7) Que muy probablemente (mas investigación es necesaria para confirmarlo) el Polo positivo del *bioacumulador* es dominado por la infección viral y el polo negativo por una infección de origen bacteriano, fúngico o parasitario según la teoría del descubridor del par magnético Dr. I. Goiz.

8) Que antes de que se sature de energía BEM el bioacumulador pasa por un periodo infeccioso estable pero totalmente asintomático. Es en este periodo que ya se puede detectar bioquímicamente y con laboratorio la presencia del agente infeccioso.

9) Que una vez saturado de energía BEM el bioacumulador libera dicha energía excesiva dentro del mismo sistema donde se acumuló, pasando ahora a su periodo activo o sintomático, provocando síntomas y signos típicos de las infecciones referidas. El efecto Joule de sobrecalentamiento de los bioelectrodos sería una solida explicación al fenómeno sintomatológico.

10) Que si no se elimina el origen de dicho sistema de energía BEM excesivo, el exceso de corriente BEM pasará a otros órganos adyacentes provocando la formación de otro bioacumulador que a su vez, pasará el exceso de corriente BEM a otros órganos conectándose unos con otros en forma de *biobaterías*, provocando un sinnúmero de signos y síntomas según los órganos afectados. Así aparece el Síndrome de Inmunodeficiencia Adquirida en la infección por VIH.

11) Que el par de órganos implicados en el fenómeno del bioacumulador (llamado Par Biomagnético) son afectados y despolarizados de sus cargas eléctricas mediante el uso correcto de magnetos de mediana intensidad (detalles en los capítulos VIII y IX). Que el bioacumulador formado por el VIH puede ser anulado en su totalidad mediante el uso de estos magnetos.

12) Que el origen primario, la causa número uno, aparentemente es la infección viral o bacteriana, pero la experiencia del autor apunta a que los alimentos industrializados ácidos no naturales nutren y revitalizan estos fenómenos bioeléctricos y los cataloga como la segunda fuente u origen de la enfermedad aunque no descarta la posibilidad de que en realidad sea la causa primaria aunada al estilo de vida sexual que lleve portador del VIH mas la adicción a drogas inyectables con alto riesgo de adquirir el virus por contaminación con sangre. La leche materna de mujeres infectada por el VIH también son parte de las causas primarias.

13) Que sin estos alimentos industrializados, ácidos, no naturales, (ver la obra del mismo autor "Limpiar, Nutrir, Reparar, adiós a las enfermedades en tres pasos naturales" Palibrio 2013)(37) los virus y bacterias no se podrían alimentar y los fenómenos bioelectromagnéticos de biogenerador, bioacumulador y biobatería no se podrían dar. Es así que el autor conoce personas infectadas con el virus del VIH que son seropositivas pero son asintomáticos por muchos años porque no alimentan al virus. Llevan una vida saludable con hábitos de alimentación y nutrición correctos, además de un estilo de vida que no permite la reinfección sexual ni sanguínea.

14) Que el *estilo de vida sexual y social más la nutrición* del infectado del VIH, son los factores principales de la *evolución de la enfermedad* y por lo tanto del *pronóstico*. A 20 años de distancia de los resultados del protocolo el autor observó que los que viven muchos años asintomáticos, permanecen así porque no llevan una vida promiscua, no se están reinfectando constantemente, además cuidan de que su nutrición sea natural y alcalina para no alimentar al virus.

15) Que, según la experiencia del autor, es posible revertir toda la sintomatología del SIDA en etapas tempranas y medianas (Walter Red 0 a 3) sin medicamentos de patente, aun sin la terapia biofísica de campos magnéticos con tan solo que el paciente cambie sus malos hábitos de nutrición alimenticia por alimentos naturales, alcalinos, orgánicos, libres de animales muertos pudriéndose con sangre, lácteos, refinados, comida rápida,

comida chatarra etc. (Detalles del plan alimenticio naturista general en Limpiar, Nutrir, Reparar, Palibrio 2013)(37), utilizando además suplementos naturales (plantas, vitaminas, minerales, aceites esenciales etc. *siempre y cuando se renuncie a la promiscuidad sexual, y drogas inyectables* para evitar reinfectarse del virus y evitar infectar a los demás.

16) Que la terapia biofísica de campos magnéticos en pacientes con SIDA ayudaría a revertir los síntomas y signos característicos del SIDA mucho más rápido que la terapia nutricional y suplementaria naturista.

17) Que la combinación de estos dos métodos de sanación alternativos mas el estilo de vida sexual y social saludables del paciente con VIH son una solución probada para recuperar la salud del los pacientes con SIDA y mantenerse sanos y asintomáticos por largos años o el resto de sus vidas. Estos pacientes podrían morir de cualquier otra enfermedad antes que morir por SIDA.

Capítulo XI

Galería de reconocimientos al autor

A. Doctor Honoris Causa por la Honorable Academia Mundial de Educación.

*Foto: 9. **Dr. Enrique Bedoya Sánchez**, (izq.) Presidente de la Honorable Academia de Educación y Rector de la Universidad Tecnológica de Lima Perú. Quien entrego el Doctor Honoris Causa Suma Cum Laude al **Dr. Silverio Javier Salinas Benavides**. Ciudad de Puebla, 28 de Agosto, 2014. El trabajo presentado a la Honorable Academia fue "La Negativización del Virus del SIDA".*

Foto 10. A 20 años de distancia de haber colaborado juntos en la investigación protocolaria que resultó en la Negativización del virus del Sida de 17 personas los **Dr. Fransisco González** *y* **Dr. Silverio Salinas** *reciben sendos* **Doctorados Honoris Causa** *por parte de la* **Honorable Academia Mundial de Educación** *y el Consejo Iberoamericano en Honor a la Calidad Educativa el 28 de Agosto del 2014 durante la XV CUMBRE IBEROAMERICANA DE EDUCACION Y X CATEDRAS MAGISTRALES en la ciudad de Puebla.*

B. Líder Mundial en Ciencias Medicas para el Beneficio de la Humanidad y Máximo Líder de Excelencia en Salud. AMES, 2014.

Foto 11. *El Dr. René Fernando Correa Mendoza, Vicepresidente de Ecuador de la Asociación Mundial para la Excelencia en Salud (AMES) entrega al Dr. Silverio Javier Salinas Benavides el Reconocimiento como "Máximo* Líder *de Excelencia en Salud" y "Líder Mundial en Ciencias Medicas para el Beneficio de la Humanidad", el 8 de Noviembre del 2014, durante el Congreso Internacional Medico Científico Cumbre de la Salud AMES 2014. ** Foto cortesía de AMES en Facebook. (39)

C. Premio al Mejor Trabajo de Investigación, AMES. 2014.

Foto 12: **Dr. Juan Remberto Hurtado Gutiérrez** *Vicepresidente en Bolivia de la Asociación Mundial para la Excelencia en Salud (AMES) entrego el reconocimiento "Premio al Mejor Trabajo de Investigación 2014" al* **Dr. Silverio Javier Salinas Benavides** *por su exposición del trabajo titulado: "Medicina Etiopática. Un nuevo Paradigma en Medicina. 25 años de investigación." Nov/08/14.*

A. Máster y Doctor Honoris Causa por el Consejo Iberoamericano en Honor a la Calidad Educativa. Punta del Este Uruguay, 2005.

Foto 13. Recibiendo Premios   **Foto 14.** Exponiendo el tema "Adiós al Dolor"

Fotos 13 y 14: El Dr. Silverio Javier Salinas Benavides recibe el Premio Iberoamericano como Máster y Doctor Honoris Causa en Honor a la Excelencia Educativa durante el Segundo Congreso del Consejo Iberoamericano en Honor a la Calidad Educativa celebrado en Marzo del 2005 en la ciudad Punta del Este Uruguay. EL trabajo de investigación presentado fue el de "Adiós al Dolor. Por Fin! La solución natural al dolor humano".

Epílogo

A 18 minutos de terminar este día lunes 1º de Diciembre del 2014, Día Mundial del SIDA, es para mí de gran satisfacción el haber terminado de escribir esta obra que prácticamente se inicio con el Protocolo de Investigación del estudio de "Evaluación de los efectos clínicos, inmunológicos y antigénicos de la terapia biofísica en pacientes de VIH-1" a principios del año 1993 y que culminó con los resultados de 17 negativizados en Octubre de 1994.

La obra, como ensayo científico, describiendo lo que estaba pasando biofísicamente dentro del par magnético Timo-Recto, la escribí a principios de 1995. Fue hasta el 2013 que retomé la obra con fines de publicarla y de pulirla en sus detalles. Este año del 2014, sin prisas, me di a la tarea de crear graficas que ayudaran a entender el nuevo concepto de lo que es la Teoría del Bioacumulador, que creo es la parte medular de esta obra.

A veinte años de distancia de haber logrado la hazaña de negativizar el virus del SIDA en 17 personas, por primera vez en todo el mundo, presento al público esta obra esperando que sea de gran bendición a la humanidad.

Siendo las 11.59 PM del día primero de Diciembre del 2014, doy por concluida esta obra y doy gracias a Dios Padre por permitirme ser de bendición para todos mis congéneres con la publicación del conocimiento que Dios me ha permitido obtener y que ahora comparto con todos los interesados en esta obra científica y literaria. También le doy Gracias, Mil Gracias! A mi Padre Celestial por la Divina Protección que me ha brindado a lo largo de estos 20 años transcurridos.

Relación de Gráficos y Fotografías

Gráficos:

1. Figs. 1.a y 1.b: La polarización de un órgano. © Silverio J. Salinas 2014.
2. Fig. 2 a. El par biomagnético timo-recto. Figura anatómica hecha por Leonello Calveti, Italia. Palabras y líneas agregadas por Silverio J. Salinas. Copyright: <a href='http://www.123rf.com/profile_lello4d'>lello4d / 123RF Stock PHoto</a>
3. Fig. 2 b. El par Biomagnético timo-recto. © Silverio J. Salinas 2014.
4. Fig.3 a, El bioacumulador timo-digestivo-recto (T.D.R.). Copyright: <a href='http://www.123rf.com/profile_lello4d'>lello4d / 123RF Stock PHoto</a>
5. Fig.3 b, El bioacumulador timo-digestivo-recto (T.D.R.). © Silverio J. Salinas 2014
6. Figs.4. a, b: Anatomía del **Bioacumulador timo-digestivo-recto (T.D.R.)** y su comparación con los acumuladores físicos. © Silverio J. Salinas 2014.
7. Fig.4 c: Anatomía del **Bioacumulador timo-digestivo-recto (T.D.R.)** y su comparación con los acumuladores físicos. Copyright: <a href='http://www.123rf.com/profile_lello4d'>lello4d / 123RF Stock PHoto</a>
8. Fig. 5 a, b, f. Batería Biopatológica del SIDA. © Silverio J. Salinas 2014.
9. Fig. 5 b 1. Batería Biopatológica del SIDA. Figura anatómica hecha por Nerthuz. Palabras y líneas agregadas por Silverio

Salinas. Copyright: <a href='http://www.123rf.com/profile_ nerthuz'>nerthuz / 123RF Stock PHoto</a>

10. Figs 1a. y 1a.1 Polarización del Timo, primera etapa del bioacumulador.

11. Fig. 1a.2: Segunda Etapa del Bioacumulador TDR. Saturación y flujo de la energía BEM hacia el tubo digestivo.

12. Figs. 1b. y 1b.1. Formación del Cátodo, o polarización del recto. Tercera etapa del bioacumulador TDR.

13. Figs. 3 a y 8: Etapa estable y asintomática del bioacumulador TDR y su comparación con un bio-circuito BEM. Fig. 8. Circuito BEM o bio-eléctrico. © Silverio J. Salinas 2014.

14. Figs. 5b, 5b1: Paso de la energía BEM* desde el bioacumulador TDR a la tráquea y bronquios para crear el segundo nuevo bioacumulador: Pulmón derecho-bronquios-pulmón izquierdo. Fig. 5 b. © Silverio J. Salinas 2014. FIg. 5 b1: Copyright: <a href='http://www.123rf.com/profile_nerthuz'>nerthuz / 123RF Stock PHoto</a>

15. Fig. 5.f. Biobatería patológica del SIDA en fase terminal. Un ejemplo común. © Silverio J. Salinas 2014.

16. Fig. 5 a-f, b1: Formación de la bio-batería patológica del SIDA por VIH-1. Un ejemplo común.

17. Fig. 5e y 5f: Biobatería patogénica de un paciente con sida en fase terminal. © Silverio J. Salinas 2014.

18. Fig.6: Despolarización del bioacumulador timo-digestivo-recto utilizando dos magnetos SS1. © Silverio J. Salinas 2014.

19. Fig. 7. Circuito Eléctrico. Física. © Silverio J. Salinas 2014.

20. Fig. 8. Circuito BEM o bio-electro-magnético del Acumulador T.D.R. © Silverio J. Salinas 2014.

21. Fig. 9. Fuente de energía del Circuito B.E.M. / T.D.R. © Silverio J. Salinas 2014.

22. Fig. 10. Flujo de energía del Circuito B.E.M. / T.D.R. © Silverio J. Salinas 2014.

23. Tabla 1. Resultado del R.C.P.* antes y después de la T.B.C.B.E.M

24. Tabla 2. Tiempo de Negativización del R.C.P. de los 19 pacientes.

25. Tabla 3. Relación CD4/CD8 antes y después de la T.B.C.BEM.

Fotos:

1. **Foto 1:** de izquierda a derecha: *Dr. Mario Cesar Salinas Carmona, Jefe de Inmunología. Dr. Francisco González Rodríguez, Jefe de Medicina Preventiva, Dr. Jesús Zacarías Villarreal Pérez Director de la Facultad de Medicina U.A.N.L. y el Dr. Silverio J. Salinas Benavides Presidente de la Fundación Izcalli para la Investigación del SIDA, A.C.. Foto tomada en el Departamento de Inmunología antes de que el Dr. Silverio Salinas entregara el Termociclador ADN visto al fondo. Junio de 1993.* © Silverio J. Salinas 1993.

2. **Foto 2:** *El viernes 28 de Octubre de 1994, el Dr. Silverio Salinas presento los resultados de su Protocolo de Investigación "Evaluación de los efectos clínicos, inmunológicos y antigénicos de la terapia biofísica de campos magnéticos en pacientes con VIH-1". (1993-1994)" en la Facultad de Medicina de la Universidad Autónoma de Nuevo León, Monterrey México, durante el XII Encuentro de Investigación Biomédica.* © Silverio J. Salinas 1993.

3. **Foto 3.** ***Termociclador ADN.*** *Donado en Junio de 1993 por el Dr. Silverio Salinas como Presidente de la Fundación Izcalli de Biofísica para la investigación del SIDA y otras enfermedades A.C. al Departamento de Inmunología de la Facultad de Medicina de la U.A.N.L. Históricamente, en su época, primer y único Termociclador ADN en toda Latinoamérica para detectar el virus del VIH.* © Silverio J. Salinas 1993.

4. **Foto 4.** *El Dr. Jesús Zacarías Villarreal Pérez, Director de la Facultad de Medicina de la U.A.N.L. recibiendo el Termociclador ADN el 17 de Junio de 1993.* © Silverio J. Salinas 1993.

5. **Fotos 5a, 5b, 5c.** *Pies de los pies de una persona con VIH sin colocar aun ningún magneto sobre su cuerpo. La segunda y tercer fotografía (b y c) son un acercamiento de la primera para apreciar el balance existente.* © Silverio J. Salinas 2014.

6. **Foto 6.** *Misma persona de la fotografía 5 con el virus del VIH colocándose el magneto SS1 con polaridad Norte hacia el Timo.* © Silverio J. Salinas 2014.

7. **Futo 7 a, 7 b, 7 c.** *Fotos de los pies de la misma persona de la fotografía 5 y 6, infectada con VIH y ya con el magneto Norte colocado sobre el Timo. Como se puede apreciar cualitativamente, existe un pequeño alargamiento de la pierna derecha de 4 a 5 mm. Cuantitativamente se pueden medir también cambios en la conducción y resistencias eléctricas. Las fotos b y c son acercamientos de la primera o 7 a.* © Silverio J. Salinas 2014.

8. **Foto 8:** *Par de magnetos SS1, bipolares, diseñados por el Dr. Silverio J. Salinas Benavides para propósitos del Protocolo de Investigación, materia de esta obra.*

9. ***Foto: 9. Dr. Enrique Bedoya Sánchez,*** *(izq.) Presidente de la Honorable Academia de Educación y Rector de la Universidad Tecnológica de Lima Perú. Quien entrego el Doctor Honoris Causa Suma Cum Laude al **Dr. Silverio Javier Salinas Benavides**. Ciudad de Puebla, 28 de Agosto, 2014. El trabajo presentado a la Honorable Academia fue "La Negativización del Virus del SIDA".* © Silverio J. Salinas 2014.

10. ***Foto 10.*** *A 20 años de distancia de haber colaborado juntos en la investigación protocolaria que resultó en la Negativización del virus del Sida de 17 personas los **Dr. Francisco González y Dr. Silverio Salinas** reciben sendos **Doctorados Honoris Causa** por parte de la **Honorable Academia Mundial de Educación** y el Consejo Iberoamericano en Honor a la Calidad Educativa el 28 de Agosto del 2014 durante la XV CUMBRE IBEROAMERICANA DE EDUCACION Y X CATEDRAS MAGISTRALES en la ciudad de Puebla.* © Silverio J. Salinas 2014.

11. **Foto 11.** *El Dr. René Fernando Correa Mendoza, Vicepresidente de Ecuador de la Asociación Mundial para la Excelencia en Salud (AMES) entrega al Dr. Silverio Javier Salinas Benavides el Reconocimiento como "Máximo Líder de Excelencia en Salud" y "Líder Mundial en Ciencias Medicas para el Beneficio de la Humanidad", el 8 de Noviembre del 2014, durante el Congreso Internacional Medico Científico Cumbre de la Salud AMES 2014.* * Foto cortesía de AMES en Facebook. (39). © Silverio J. Salinas 2014.

12. *Foto 12: **Dr. Juan Remberto Hurtado Gutiérrez** Vicepresidente en Bolivia de la Asociación Mundial para la Excelencia en Salud (AMES) entrego el reconocimiento "Premio al Mejor Trabajo de Investigación 2014" al **Dr. Silverio Javier Salinas Benavides** por su exposición del trabajo titulado: "Medicina Etiopática. Un nuevo Paradigma en Medicina. 25 años de investigación." Nov/08/14.* © Silverio J. Salinas 2014.

13. ***Fotos 13 y 14: El Dr. Silverio Javier Salinas Benavides** recibe el Premio Iberoamericano como Máster y Doctor Honoris Causa en Honor a la Excelencia Educativa durante el Segundo Congreso del Consejo Iberoamericano en Honor a la Calidad Educativa celebrado en Marzo del 2005 en la ciudad Punta del Este Uruguay. EL trabajo de investigación presentado fue el de "Adiós al Dolor. Por Fin! La solución natural al dolor humano".* © Silverio J. Salinas 2014.

Bibliografía

1.- F.W. Cope. Magneto electric charge states of water-energy a second approximation. Part VII. Diffuse relativistic superconductive plasma. Measurable and non measurable pHysical manifestations. Kirlian pHotograpHy laser pHenomena. Cosmic effects on chemical and biological systems. PHysiol-chem. & pHysics 12 (1980). P. 349-355.

2.-L.W. Konikiewicz, M.A.R.B.P. Kirlian pHotograpHy in theory and clinical application. Journal of the Biological. PHotograpHic Association. Vol. 45 N#3, July – 1977. P. 115 – 134.

3.- Victoria Maragoni Adamenko. Kirlian pHotograpHy a tool in the diagnosis of psychopathology. Jour. Of pHoto. Vol.56 #3/ july/1988.p.85-88.

4.- J.R.Lester. Kirlian effect- cancer, coronas and questions. The journal of the Kansas medical society. Sept./1975.p.194-202.

5.- F.W.Cope part V, plasmas considered as gaseous or liquid superconductor states with magneto electric symmetry. PHysiol chem. Sand pHisis 12,337 (1980).

6.- F.W. cope part VII.- Kirlian high-voltage pHotograpHs of biological auras considered as manifestations of possible relativistic superconductive plasmas.

7.- M. Born. Einstein's theory of relativity. Dover publications, New York, 1962.

8.- W. Heisenberg. The pHysical principles of the quantum theory. Dover publications New York, 1930.

9.- A Rother Daily periodicity in the activity of a slide used to perform immunologic reactions at a liquid – solid interface. Prod. Natl. Acad. Sci. U.S.A., p72,2426 (1075).

10.- F-A. Popp, Kh.LI, W.P.Mei; M, Galle and r. Neuurohr. PHysical aspects of biopHotons. Experientia 44 (1988), birkhauser verlang, ch-4010 basel/ switzerland. Pp576-585.

11.- Arecchi, F.T., pHoto count distribution and field statistics, in quantum optics, PP 57-110. E.D. R.J. Glamer. Academic Press, New york-London 1969.

12.-Perina. Coherence of light. Van Nostrand Reinhold Company, London, New York, Cincinnati, Toronto, Melbourne 1971.

13.-Chwirot, W.B. New indication of possible role of DNA in utraweak pHoton emission from biological sistem. Jpl.pHisiol.122 (1986) pp81-82.

14.- Rattermeyer, M. Popp, F. A., and Nagl, W., evidence of pHoton emission from DNA in living system. Naturwissenschaften 68(1981)572-573).

15.- LI, K. H., Popp F.A., Nagl, W, and Klima, H., Indications of optical coherence in biological systems and its possible significance, in: coherent excitations in biological systems. Eds h. Frohlich andf. Kremer. Springer Verlag. Berlin, Heidelberg, New York 1983.

16.- LI, K. H., Bioluminescence and stimulated coherent radiation. Laser Electro -optic 3 (1981)pp 32-35.

17.-A. Roy Davis. Anatomy of Biomagnetism. Publicate by the Albert Roy Davis Research Laboratory. Jun 1974.

18.- A.D. Arsonval, "C.R. Soc. Biol." 48 (1986), 450.

19.- T. Svedberg, "Kolloidz.," 21(1971), IBID22.

20.- Broeringmeyer Richard & Mary Drs.. Energy Therapy Bio Health Enterprises-INC. USA 1987.

21.- Goiz Duran, Isaac Dr. El sida es curable. Organización Izcalli S.A. de C.V. Mex. 1993.

22.- Quillet. Nueva Enciclopedia Autodidactica ED. CUMBRE S.A. 1989. 27ª. Edición Tomo II Física Electricidad Y Magnetismo pp.437-493.

23.- México (Notimex)" Construye el más grande centro de atención al SIDA" El Mañana, Ciencia, Salud Tecnología, miércoles 17 agosto 1994.

24.- Yokohama Japón (AP) "sin remedio contra el SIDA" El Diario De Nuevo León, viernes 12 de agosto 1994.

25.- S.J., Salinas, M.C. Salinas, F. González "Evaluación de los efectos clínicos, inmunológicos y antigénicos de la terapia biofísica en pacientes de VIH-1" Memorias del XII Encuentro de Investigación Biomédica de la Facultad De Medicina Universidad Autónoma de Nuevo León (24 oct. 1994).

26. http://es.wikipedia.org/wiki/Resistencia

27. http://enciclopedia.us.es/index.pHp/Efecto_Joule

28. http://www.ecured.cu/index.pHp/Electroqu%C3%ADmica

29.http://es.wikipedia.org/wiki/Historia_de_la_electricidad#Luigi_ Galvani:_el_impulso_nervioso_.281780.29

30. http://www.wordreference.com/definicion/cortocircuito

31.http://mantenimientoelectricojep.blogspot.com/2011/11/concepto-de-corto-circuito.html?showComment=1368040877073#c72060018560
09544382

32. http://diccionario.motorgiga.com/diccionario/corto-circuito-definicion-significado/gmx-niv15-con193702.htm

33.   http://diccionario.motorgiga.com/diccionario/cargador-de-bateria-definicion-significado/gmx-niv15-con193423.htm

34. http://www.novarsa.com.ar/otros.htm

35.   http://books.google.com/books?id=-jZLF-il1DEC&pg=SA4-PA168&lpg=SA4-PA168&dq=bateria+sobrecarga+cortocircuito&source=bl&ots=nfXUY2VC37&sig=_ZG9TYlp2dyHhdeGzqDtlUKYgFw&hl=es-419&sa=X&ei=u8WKUYiJM4W9iwK1tIGADQ&sqi=2&ved=0CEoQ6AEwBA#v=onepage&q=bateria%20sobrecarga%20cortocircuito&f=false

36.- Galván, Jorge. Sobrevivientes del SIDA. 2002. Emanuel Centro Cristiano. Primera Edición.

37. Salinas, Silverio. Limpiar Nutrir, Reparar. 2013. Palibrio, primera edición.

38. ONUSIDA. Informe mundial 2013. Pp.4 http://www.unaids.org/en/media/unaids/contentassets/documents/epidemiology/2013/gr2013/UNAIDS_Global_Report_2013_es.pdf

39. Asociación Mundial para la Excelencia Educativa (AMES) en facebook. https://www.facebook.com/AmesAsociacionMundialParaLaExcelencia
EnLaSalud